窪田新之助

日本発「ロボットAI農業」の凄い未来

2020年に激変する国土・GDP・生活

講談社+α《プラスアルファ》新書

はじめに――国土全体を豊かにするロボットAI農業

農家の高齢化と減少、農山村の荒廃、農業総産出額の減少、国際競争力の低下……日本の農業と農村には、こうした問題が山積しているとされる。だが、これらが一つのキーワードで解決の方向に大きく道が開かれるとしたらどうだろうか――。

農村に広がる水田を想像してほしい。そこを駆け抜けるのはロボットトラクターだ。運転席に人の姿はない。このときに農家が何をしているかといえば、遠隔地の涼しい部屋のなかからモニター画面で監視しているだけ。トラクターは突如侵入してきた人によって走行経路をふさがれても、人身事故を起こすには至らない。搭載しているセンサーが人の姿をすぐさま感知して、自ら緊急停止するからだ。

その上空を飛んでいるのは、いま流行のドローン。画像撮影によって実っている稲の生育状況を把握し、クラウドを通じてロボットトラクターにその分析結果を伝えている。そのデータを受け取ったロボットトラクターは、水田の箇所ごとの地力に応じて、肥料を散布する量を自在に変えていく。肥料は地力がまるで足りない場所にはより多く、やや足りない場所には少しだけ自動でまかれていく。

絶妙にまかれた肥料を吸い取った稲は、やがて十分に成長していった。それを刈り取りに田に入るのは、これまたロボットコンバイン。もちろん、こちらも人は乗っていない。それでも、これまで農家が「経験と勘《かん》」でざっくりと肥料をまいてきた時代を思えば、収量にしても品質にしても、比較にならないほどの成果を上げることができた。

ロボット農機が走り抜ける水田から山のほうに目を向けると、耕作が放棄された農地や雑草が刈られず荒れた里山で草刈りをしているのは、人ではなく「除草用ルンバ」……家庭用のロボット掃除機に似た小型のロボットが草の生えているところを走って、どんどんきれいにしていく。人が操縦せずとも、雑草がある場所を認識して走行する。

耕作放棄地の面積は全国で滋賀県のそれに相当する四〇万ヘクタールに達する。そこには雑草や木が生《お》い茂り、害虫の住み処《すみか》になっているほか、年間二〇〇億円もの農業被害をもたらして人にも危害を及ぼすイノシシやクマなどが一時的に身を隠す場所にもなっている。「除草用ルンバ」が草刈りをするようになったことで、この農村では景観が保たれるようになり、おまけに野生動物による被害が著しく減った。

こうした世界はまるで想像上のものと思われるかもしれない。だが、それがいま現実になろうとしている。そのカギを握るキーワードこそ、本書のテーマである「ロボットＡＩ農業」だ。

ロボットやＡＩ《エーアイ》（人工知能）、さらにＩｏＴ《アイオーティー》は、第四次産業革命（インダストリー４・０）をもたらすといわれており、世界がその覇権を握るべく熾烈《しれつ》な争いを始めている。ＩｏＴとは「Ｉｎｔｅｒｎｅｔ　ｏｆ　Ｔｈｉｎｇｓ」の頭文字を取った言葉で、「モノのインターネット」と訳されている。要はモノがインターネットにつながるというわけだ。

インターネットにつながるモノとしては、すでにパソコンやスマートフォンが存在している。ただし、いずれも本当の意味でのＩｏＴ機器ではない。なぜなら人が自発的に操作しなければ使えないからだ。

一方、ＩｏＴの世界では、人が操作しなくても、まるで意思を持ったように動き続けるモノが主役になる。たとえていえば、人間の体のようなものだ。人体においては、自律神経が循環器、消化器、呼吸器などを調整している。人は取り立てて意識することなく、口から入れた食べ物を消化したり呼吸したりしている。自律神経はまさしくインターネットであり、それに呼応して稼働する臓器がモノに当たる。

ＩｏＴにはＩｏＥ《アイオーイー》という別称がある。これは「Ｉｎｔｅｒｎｅｔ　ｏｆ　Ｅｖｅｒｙｔｈ

ｉｎｇ」の頭文字を取った言葉。あらゆるモノがインターネットにつながるといった意味だ。

農業においては、冒頭で描いたロボットトラクターやコンバイン、ドローン、「除草用ルンバ」こそ、そうしたモノの一つである。それらはセンサーネットワークで連絡を取り合い、互いが把握したデータやその分析結果を共有し、農場の生産性を飛躍的に高めていく。

以上の点を踏まえて注視すべきは、ＩｏＴと連動するようにして、ロボットとＡＩの時代も黎明期《れいめいき》を迎えつつあることだ。ＩｏＴの世界では、センサーやデバイスが、作物の生育や気温や湿度などの環境に関する情報を収集する。そうして集まってくる膨大なデータは、ＡＩが分析し、その結果を受け取ったロボットが、まるで意思を持ったように適切に作業をこなしていく。

これは何も遠い未来の話ではない。日本における農業ロボティクスの第一人者である北海道大学大学院農学研究院教授の野口伸《のぐちのぼる》氏は、ロボット農機だけが田畑を走り抜ける時代がいつ到来するかについてインタビューしたところ、「二〇二〇年までに」と明言した。変革の到来は間近なのだ。

本書では、これまで人が行ってきた仕事をロボットやＡＩ、ＩｏＴが代わりに果たしていく次世代の農業を「ロボットＡＩ農業」と呼ぶ。

本稿執筆中に、次代の総理候補ナンバー1《ワン》、自由民主党農林部会長を務める小泉進次郎《こいずみしんじろう》氏も、雑誌「文藝春秋」の記事（二〇一六年一一月号）のなかで、こう語った。

「夜間に人工知能が搭載された収穫ロボットが働いて、朝になると収穫された農作物が積み上がっている未来もある」——。

二一世紀の農業はＡＩやビッグデータやＩｏＴ、そしてロボットを活用したハイテク産業、すなわち日本の得意分野だ。その途轍《とてつ》もないパワーは、地方都市を変貌させて国土全体を豊かにし、自動車産業以上のＧＤＰを稼ぎ出し、日本人の美味しい生活を進化させるのだ。

目次◉日本発「ロボットAI農業」の凄い未来

第二章　スマホとロボットで世界一のコメ作り

序章　アップルが音楽産業に参入したように

孫正義が確信したＡＩの未来

ロボットの頭脳となるＡＩは、一九五〇年代からたびたび人間の知能に並びうる存在となるのではないかと話題になりながらも、いつも期待はずれに終わっていた。

だが、二〇一〇年代に入って、まったく新しいステージに突入している。ＡＩが「認識」「運動」「言語」を身に付けるようになったのだ。それはまるで、人間の子どもが年を経ながら能力を高めていくように、ＡＩもデータを蓄積して学びを深め、成長していくことになる。

こうした能力においてＡＩが人間に近づいていくと、たとえば農業においては、農作物の収穫の適期を「認識」して、収穫という「運動」をこなすことができる。あるいは遠隔地にいる人間と音声通話をしながら、水田で稲刈りをするかどうか判断することもできる。

さらに近い将来において「シンギュラリティ」が起きるとされている。つまり人間が作り出したＡＩが、より優れたＡＩを自ら作り出すようになる。これを繰り返すことで、ＡＩは、人間の知能をはるかに追い越していくというのだ。

まるでＳＦの世界ではないか——だが少なからぬ人たちが、その世界がやってくることを信じている。たとえば二〇一六年六月に引退の前言を撤回してソフトバンクグループの社長続投を宣言した孫正義《そんまさよし》氏。ＡＩへの情熱を捨てきれなかったという孫氏は、こう語っている。

「僕は『シンギュラリティー』は必ずやってくると信じている。つまり二〇年とか三〇年という時間軸で、人間が生み出した人工知能による『超知性』が、人間の知的能力をはるかに超えていくと。一度超えると、もう二度と人類が逆転できないほどの差が開いていくと思うんですね」（「日経ビジネス」二〇一六年八月八日・一五日合併号）

日本が世界に冠たる農業大国に

そのソフトバンクグループは農業のＩｏＴにも強い関心を示している。では、ＩｏＴにロボットとＡＩが融合するとどういう世界が築かれていくのだろうか。詳細は次章以降をお読みいただきたいが、第四次産業革命の到来、それから旧態依然とした農業界の破壊と再編が近づいている。

ただし、それがもたらす恩恵は農業界にとどまるほど小さなものではない。広く国土の保全や人々の生活にまで及んでいく。その流れのなかで農業総生産額、ひいては日本のＧＤＰ（国内総生産）も、大きく押し上げていくことになる。

これまでの産業革命を振り返れば、第一次産業革命を牽引《けんいん》したのは一八世紀にイギリスで登場した蒸気機関。ボイラーで発生する蒸気の持つ熱エネルギーを機械的仕事に変換する原動機だ。燃料としての石炭と結び付くことで、とりわけ繊維工業が発達した。そうしてイギリスは「世界の工場」となった。

第二次産業革命は電気エネルギー。工場に電力が普及して、ベルトコンベヤーを使った生産性の飛躍が起きた。このころになると物流も発達していたので、大量輸送や大量消費にもつながっていく。その代表例として「T型フォード」の登場などがあり、自動車産業では米国やドイツが台頭していく。

第三次産業革命はコンピュータによる自動化。日本の製造業が力を付けていった時代である。

……つまり産業革命が起きるたびに世界の覇権を握る国は移り変わってきた。各国が第四次産業革命をめぐって熾烈《しれつ》な争いをしている理由がここにある。

これは個々の産業においても同じである。たとえばロボットやAI、あるいはIoTで「農業版インダストリー4・0」を成し遂げられるかどうかは、農業の成長産業化を掲げる国であれば最重要課題となる。

もちろん日本がこれに成功すれば、農業や関連産業のGDPを押し上げ、世界に冠たる農業大国としての地位を築くことができる。

一〇年で三割アップの農業GDP

そのGDPの成長については、国内では悲観論が渦巻いている。とりわけ人口減少が経済成長を押しとどめ、ひいてはマイナス成長を引き起こす要因と目される向きがある。確かに労働力人口が減れば、生産量も減るかもしれない。だが、GDPは労働力人口の増減だけで決まるわけではない。

立正大学教授の吉川洋《よしかわひろし》氏（マクロ経済学）は、著書『人口と日本経済』（中公新書）で、明治初期から現在までの一二〇年の日本における実質GDPと人口の推移を比較したグラフを用いて、両者の間にはほとんど関係がないと説明する。労働力人口が減っても、一人当たりの労働者が作り出すものが増えれば、つまり労働生産性が高まれば、経済成長できるという。

そして、そのカギを握るのはイノベーションだ。

「労働力人口の推移と経済成長を固く結びつけて考える人のイメージは、おそらく労働者が一人一本ずつシャベルやツルハシを持って道路工事をしているような姿なのではないだろうか。そうした経済では、働き手の数が減ればアウトプット（生産物）は必然的に減らざるをえない。しかし先進国における経済成長は、労働者がシャベルやツルハシを持って工事をしていたところにブルドーザーが登場するようなものなのだ。こうして労働生産性は上昇する。ひょっとすると、それまで一〇〇人でやっていた工事が五人でできるようになるかもしれない。それをもたらすものがイノベーションと資本蓄積（ブルドーザーという機械が発明され、実際にそれが建設会社によって工事現場に投入されること）である」（『人口と日本経済』）

こう語る吉川氏は、イノベーションを起こす要素としてITやAIを挙げているが、私も同感である。まさにロボットAI農業によるイノベーションを起こすことこそ、農業の成長産業化に欠かせないのだ。

政府は、二〇一六年六月に発表した「日本再興戦略2016」において、ロボットやAI、そしてIoTなどを活用した第四次産業革命によって三〇兆円の付加価値を創出することを柱に、二〇二〇年までに名目GDP六〇〇兆円を達成することを明言した。

このうち農業についてはどうなのか。これに関しては農林水産省ではなく経済産業省が二〇一六年四月に「新産業構造ビジョン」（産業構造審議会の中間整理）のなかで試算値を出している。それによると、第四次産業革命を実現できれば、農業のGDPは毎年二・七%ずつ成長する。農業のGDPは現状約五兆円。もし二・七%ずつ増えるなら、一〇年後には約六・五兆円と三〇%アップすることになる。

しかも日本はこれを達成するだけの条件を十分に備えている。その一つは農家の高齢化と離農だ。そもそも日本の農家の平均年齢は世界でも突出して高い。しかも二〇〇〇年六一・一歳、二〇〇五年六三・二歳、二〇一〇年六五・八歳と上がってきている。そして二〇一五年には六六・四歳に達した。

これは日本社会全体の高齢化率が二六・七％（二〇一五年）と世界一の高さであるから当然である。ちなみに二位はイタリアの二二・四％であることから、こちらもまた日本が突出して高い。

それだからこそ日本の農家は、世界でも突出した勢いで、やめているのだ。というのも農家の実質的な定年は七〇歳であるから。二〇一五年時点での平均年齢が六六・四歳を迎えた以上、これから数年以内に農家が一斉に廃業する「大量離農」が起きるのは確実である。

労働力不足を補い、生産性を飛躍的に向上させる「農業版インダストリー4・0」は、まさにそこに当てはまる。環境の変化は大きな変革の前触れである。大量離農時代を迎える日本農業は、必然的に、かつ切実に、最新のテクノロジーを求めるようになる。

おまけに日本はＩｏＴの基礎をなすセンサーの製造において世界シェアの半分を握っている。この数字はロボットにも当てはまる。

それなのに日本のモノ作りが凋落《ちょうらく》してきたのは、垂直統合型や自前主義の研究開発から脱しきれなかったからだ。そのため、企業や人がそれぞれに持っている強味を持ち寄る「オープンイノベーション」を興すことができなかった。産業界ではそうした閉鎖性を改めることを重要視している。

ＩＴ企業が農業に参入する必然

それは農業界にもいえることだ。これまで日本の農業界は、農業協同組合（ＪＡ）と農林水産省、そして農林族議員から成る「農政トライアングル」が牛耳《ぎゅうじ》ってきた。「日本の農業は弱い」という錦《にしき》の御旗《みはた》を掲げて保護政策を推進することで、補助金に依存した農政を展開してきたのだ。

「農政トライアングル」の力の源泉は、農家のなかでも圧倒的多数を占める、販売金額が年間二〇〇万円以下の零細農家。なぜ零細な農家が大事なのか――。

世界最大の農業協同組合であるＪＡにとってみれば、零細農家の存在は組織の維持と運営に欠かせない。日本の農家はＪＡを構成する組合員である。組合員が多ければ事業収入は上がるし、選挙においては票田《ひょうでん》でもあるため、政治力も発揮できる。

農林族議員もまた、当選するため、ＪＡに農家の票を要求した。当選した暁《あかつき》には、その見返りに、さまざまな農業関連の補助金を使って地元を優遇してきたのだ。農林水産省にとっても「農家＝弱者」というイメージがあったほうが、彼らを保護するために予算取りがしやすくなる。

こうした保護政策を推し進めたため、農業界はとにかく参入障壁が高かった。そのために革新が起きにくく、結果的に日本農業は国際競争力を落としてきた。

だが、農業にとっても国民にとっても不幸なこうした時代は終わろうとしている。私はロボットＡＩ農業がこの閉塞感《へいそくかん》を打ち破る役割を果たすと信じている。

というのもＩｏＴが普及して農業がデジタル化すると、米アップルが音楽業界に入り込んできたように、ＩＴ企業が農業界にも参入する余地が一気に生まれてくるからだ。業界の垣根は取り払われ、やがて始まるのは旧態依然とした農業界の解体と、再構築に向けた新たな競争だ。

たとえば、そこに参入するＩＴ企業にとってみれば、農業界の最大勢力であるＪＡの事業や顧客は最大のターゲットになるだろう。ＪＡは、農家のために農産物の作り方を指導し、収穫物を買い取ったりしている。だが第四章でレポートするように、こうしたサービスは、ＩＴ企業がロボット、ＡＩ、ＩｏＴを駆使して、より高次元で担うことができるようになる。

こんなことを考えていた矢先、衆議院議員会館で小泉進次郎氏からロボットやＡＩ、Ｉｏ

Tが日本農業にもたらす意味について心強い意見を聞くことができた。

そもそもの面会の目的は、日本経済新聞社が二〇一七年五月に虎ノ門ヒルズ（東京・港区）で三日間にわたって開催する、農業とテクノロジーを掛け合わせてイノベーションを起こす「アグリテック（Agritech）」をテーマにしたグローバルイベント「AG／SUM（アグサム）」（スペシャルパートナー：森ビル）の打ち合わせ。そのプロジェクトアドバイザーを務める私は、日本経済新聞社編集局編集企画センターの山田康昭《やまだやすあき》氏らとともに、このイベントのシンポジウムに登壇してもらうことを要請しながら、先の件についてたずねてみた。

「国内ではこれから農家が一気にやめていく。このままでは農村から人がいなくなり、農業が続けられない地域がさらに出てきてしまいます。それを食い止めるために欠かせないのは、ロボットやAI、そしてIoT。日本農業は生産性が低い。ただ裏を返せば、それだけこうしたテクノロジーによって飛躍する素地があるということです。

私はこの五年が勝負だと思っている。この勝負に打ち勝つには、業界の垣根を越えてイノベーションを起こしていくことが大事になります。これに関して私は、経団連で講演したときも、『連携』ではなく『融合』を目指して欲しいと話しています。あわせてJAグループも積極的に巻き込んでいくべきでしょう。JAには、外部からだけでなく内部からも自発的に変わるよう働きかけなければならないのです」

小泉氏が指摘するように、農業の問題はもはや既存の農業界だけにゆだねてはならない。業界を越えて融合したときこそ、「ロボットAI農業大国ニッポン」の始まりである。

農業の総合産業化で地方復活を

では、ロボット、AI、IoTの力を借りて農業が息を吹き返すと、その先にどんな社会の変革が待っているのか。この点で強調したいのは、農業がほかの業界を巻き込みながら総合産業化することで、地方の「消滅」ではなく「復活」につながる兆《きざ》しが見えてくるということだ。

その萌芽《ほうが》といえる事例を挙げたい。一つは茨城県つくば市に拠点を置く農地所有適格法人HATAKEカンパニー。同社は、野菜の幼葉の総称であるベビーリーフを柱とした野菜作りで、設立二〇年足らずにして年商一〇億円を突破し（二〇一六年度見込み）、一七〇人もの雇用を生み出している。二〇一六年に竣工したばかりの本社は、ベビーリーフを集荷してパッキングし出荷する専用の施設や、車一〇〇台は優に停められそうな駐車場があり、どこの有名企業かと見まがうほどの壮観さだ。

同社は事業の規模を拡大しながら、面白いことに、その領域を農業以外にも広げてきている。第一弾として取引先や市場へのベビーリーフの配送を合理化するため、既存の運送業者に委託するのを止めて、自社でその会社を作った。二〇一六年には六台のトラック、バン一台が毎日運行し、ベビーリーフだけで年間五五〇トンにもなる出荷分すべてをまかなう。

さらに、自社の畑にまく堆肥《たいひ》の製造事業にも着手した。また、将来設立を予定しているのは農業用ハウスの施工やメンテナンスの仕事。いずれも規模が大きいからこそできる事業である。

一連の事業では自社の仕事だけを行うわけではない。たとえば運送業者に関しては、トラックの荷台が空いたときには近隣の農家の荷物も有料で積み込む。堆肥にしても、自社の畑で必要とする量以上を作れそうなので、ほかの農家に販売していく。農作物を生産しているだけの既存の農業スタイルからは想像できない経営の展開だ。

とりわけ若い人たちは、これまでの農業には見られなかった産業としてのスケールや可能性に魅力を感じるのか、同社の正社員の平均年齢は三三歳と低い。

いまや多くの製造業において人材の確保は至上命令となっているが、農業もしかり。とりわけベビーリーフの生産においては機械化が十分にできていないこともあり、安定生産にはいまだに人手が欠かせない。同社はインターンシップ制度を設けて、入社前に就職希望者の適性を判断している。

加えて働きやすい環境づくりにも力を入れる。いったん雇い入れた人材の定着を図るため、農業法人では珍しく、二〇一七年には社員食堂を設置。さらに託児所も用意して、地域の貴重な労働力である、幼い子どもを抱えた母親たちに長く働いてもらう。

そして、いずれは人材派遣事業を興すことも検討している。ＨＡＴＡＫＥカンパニーに出荷するグループ内の農家、さらにはグループ外の農家の労働不足問題も解消していくのだ。人材として注目しているのは引退後のスポーツ選手だ。木村誠社長は、「体力のあるスポーツ選手のセカンドキャリアとして農業の場を提供できるようになれば」と考えている。

ＨＡＴＡＫＥカンパニーは、農業による地域の総合産業化を、茨城県内だけにとどめるつもりはない。すでに二〇一五年から岩手県や大分県などでも農場を展開している。

とはいえ土地が違えば作り方も変わる。気候や土壌などが異なるからだ。そこで期待したいのが、茨城県のビニールハウスで試しているＩｏＴセンサーと、そこから得られるデータに基づく栽培に関する知見だ。

このセンサーは畑に設置して、そこの地温、気温、湿度、日射量、灌水量《かんすいりょう》を計測できる。これまでの試験では、種をまいてからの地温を積算した値が一定になると、収穫の適期を迎えることがわかった。これにより、茨城県だけでなく岩手県や大分県でも、地温を計測して収穫の適期を予測できるようになる。

すると、結果的に産地間のリレー出荷に役立てられ、安定供給につながっていく。

ＩｏＴセンサーから得られるデータからは、今後、ほかにも多くの栽培に役立つ知見を生み出しうる。岩手県や大分県でもその知見を活かし、それで生産が軌道に乗っていけば、茨城県と同じように農業の総合産業化が進み、大きな雇用を生んでいくことだろう。

この勢いで同社は、二〇二〇年度には年商二〇億円、自社雇用の従業員数は二四〇人に達する見込みだという。まさに農業が活気づくことで地域が豊かになることの証左である。

持続可能な雇用を生み出す方法

いまや地方の一大問題は、人口減による社会や経済の衰退である。総務省が発表した二〇一四年一〇月一日現在の「人口推計」では、四七都道府県で人口が増えたのは、関東圏を中心に七都県に過ぎない。残る四〇道府県では減少しているのだ。

人口減少はなぜ起きるのか——その原因を二つに分けると、出生数から死亡者数を差し引く「自然増減」、さらに都道府県間の転入者数から転出者数を差し引く「社会増減」となる。昨今の地方における人口減の要因は後者の社会減にあり、それを引き起こしているのは地方に仕事が不足していることだ。

それなら急ごしらえで仕事を作れば解決するのかといえば、そうではない。かつてのように公共事業に頼るわけにはいかない。人口が減っているなか、美術館や多目的ホールなどのハコモノを作ったところで有効に利用されるはずもない。肝心なのは、そうした一時的なものではなく、HATAKEカンパニーのように持続的な雇用を生み出すことである。

しかも農業が中心となって、より多くの仕事を創出するには、ほかの産業を巻き込んでいきたい。その範囲は、福祉、教育、医療など、地域社会に欠かせぬ様々な産業に及びうる。

福祉と農業を融合すると

たとえば宮城県東松島市。ここは東日本大震災によって耕作主を失った農地が生まれた。地元の農地所有適格法人アグリードなるせ（以下、アグリード）は、そうした農地を引き受けながら、震災前に四〇ヘクタールだった経営耕地面積を一〇〇ヘクタールにまで拡大。その広大な面積を活かして、コメ、麦、大豆を作る。震災から約六年、農業が軌道に乗ってきたいま手掛け始めているのが農業と福祉、医療、教育の融合による「地方創生」だ。

このうち福祉事業では、二〇一三年七月にJR仙石《せんせき》線の陸前小野駅の近くで通所介護施設の「デイサービス和花《のどか》」を開設。運営する野蒜《のびる》ケアサービスに、アグリードとして五一％を出資している。アグリード代表の安部俊郎《あべとしろう》氏が業種の壁を越えて福祉事業に乗り出したのは、震災で断ち切られそうになった住民同士の関係を、何とかつなぎとめておきたいという思いから。

「震災で地区外に転出していった高齢者に、ここに集まって元気になってもらいたいんだ。定員は一二人で、いまは満杯。すぐに一五人に増やすことにしています。もうかる商売ではないけれど、赤字にならなければいい」

アグリードは二〇一二年から毎年一一月、地域の住民だけでなく移転した人たちも招いて、「福幸祭《ふっこうさい》」を開催している。イベントの中身は農産物の販売や農機具の展示、民俗芸能の披露など。住民に一体となって祭りを楽しんでもらう一方で、地域の将来について話し合う機会にもしているのだ。

「日本一の森の学校」の中身

教育については大きな構想が動いている。一般財団法人C．W．ニコル・アファンの森財団や早稲田大学などと進めている「アファンの森　震災復興プロジェクト」だ。

同財団の理事長は、ウェールズ出身の作家であるC．W．ニコル氏。震災直後、当時は面識がなかったニコル氏から突然連絡をもらったことが縁で、安部氏は東松島市の野蒜地区に「日本一の森の学校」を作るプロジェクトに参画することになった。

具体的に何を目指すか。それを紹介する財団のパンフレットには次のように書いてある。

〈東日本大震災を受け、これからの日本人が安全で健康に暮らせるためにはどうあるべきか、真剣に考える時期がきたと捉えています。長野県黒姫の地で森を甦《よみがえ》らせる活動をしてきた当財団として貢献できることは、豊かな森が持つ〝森の癒し（心のケア）〟の力を感じていただくこと、そして森は甦ることを伝え東北の森を再生するお手伝いをすることです。私たちの日頃の活動の主軸である「森の再生」と「心の再生」の二つの視点で二〇一一年四月より「アファンの森　震災復興プロジェクト」に取り組んでいます〉

プロジェクトの舞台となるのは、二〇一七年に新校舎としてスタートする宮野森小学校と、その校舎が立つ森だ。森の中には音楽や演劇を鑑賞する劇場、奥松島の海を眺められる展望台、馬と触れ合うことで癒やしを得るホースセラピーのための牧場、野外活動に関わる技術を習得する場所などを作っている。砂で建てるシェルターやツリーハウスなど、森のなかで心を落ち着かせる場所も用意している。

子どもたちは学校の行き帰りに森で遊ぶことができる。具体的な遊び方はニコル氏や財団の職員が特別授業で教えてくれる。

すでにツリーハウスの眼下に広がる三〇アールの田んぼでは、アグリードの指導のもと、小学生たちがコメ作りを始めている。無農薬・無化学肥料による昔ながらの作り方を採用。馬に鋤《すき》を引かせて耕し、手植えをしている。

収穫したコメは、ある業者がすべて買い取るといってくれた。だが、安部氏は丁重に断った。小学生と一緒に販売したいからだ。

「大事なのは子どもに勉強の機会を提供することですから。業者に任せてしまえば、そうした機会がなくなってしまう。作るだけでなく、売ることも立派な学習。パッケージをデザインして作ってみるとか、店頭に立って売ってみるとか。これまでは子どもたちがそういうことを勉強する機会がなかった。私たちがやりたいのは、そういう生きた勉強なのです」

このプロジェクトでは子どもたちの教育だけでなく、誘客産業を創出することも始めている。森とその周辺の名所や旧跡、施設をつなぐルートをこしらえ、そこで一〇人ほどが乗れる馬車を走らせているのだ。馬車は途中でアグリードの加工場や田んぼなどに寄り道しながら、観光や土産物の購入ができるようにする。

誘客産業の実現に向けて、安部氏が最も大きな悩みだというのは、宿泊場所の整備。野蒜地区には大人数を収容できる宿泊施設はない。

「野蒜に来る人には、どうせなら一日や二日は滞在して欲しいからね。いま検討しているのは農家民宿。これができれば面白いなと。各農家で食事を提供するのが難しいなら、宿泊客には食事時だけ地区の公民館に集まって、一斉に食べてもらうという手もある。どういう方法がいいか、模索していきたいですね」

自己治療のソーシャル大学とは

医療に関しては、自分で自分の健康を管理することを学ぶ「東松島ソーシャル大学（仮称）」を開校する。大学といっても学校教育法に基づく、いわゆる「大学」とは異なる。東松島市に震災直後から定期診療に訪れている北原国際病院（東京都八王子市）やニコル氏の財団など、これまでつながりのある企業や組織とともに作る任意の学び場である。

講座としては、「森の学校」でのホースセラピーのほか、森やその周辺をコースとするウォーキング、農作業体験といったものを試験的に運用していく。

生徒は住民。入学希望者は簡易な健康診断を受け、その結果に基づいて、医師のアドバイスを受けながら、どの講座を取るかを決めて受講する。

それぞれの講座がどれだけ心身の健康の維持に役立つかは分からない。それを評価する指標も作成し、よりよい講座づくりに生かしていく。

安部氏はこうした一連の活動を統括するため、震災後に野蒜地区の自治会を再編した。新たに作った自治会をあらゆる地域活動の受け皿にして、補助金の出入りもまとめて行う。

面白いことに、ニコル氏や北原国際病院といった支援者たちも自治会の会員になっている。野蒜の未来を作りたいという共通の思いがある人や組織が、地区の垣根を越えてこの地に集《つど》い、意見を出してともに汗を流す。安部氏は野蒜の未来にわくわくしていると語る。

「震災後、本当に多くの人たちがこの地に来てくれて、いまもさまざまな支援を続けてくれている。彼らと地域の人たちがコラボレートしたときに、初めて新しい地域を創れるのだと信じています。それこそが復興であり地方創生ではないだろうか」

二〇一七年、野蒜地区の高台に災害公営住宅が誕生する。同年八月までに一五一戸が入居することが決まっている。その近くに地域医療の拠点となるべく進出するのが北原国際病院だ。しかもその病院で患者に提供する食事にはアグリードの農産物を使うそうだ。

安部氏は、「ゆくゆくは患者の症状に合わせて提供できるように、機能性を持った野菜や果物を生産していきたい。それにはＩＴの力が必要になる」と語る。

手始めにコメ作りでは二〇一六年からＩｏＴセンサーを水田に導入し、水位や水温、地温や気温を計測しながら、食味や収量に優れたコメを生産している。すぐそばにはＷＥＢカメラも設置し、生育状況や田に張った水の状態を遠隔地からでも監視できるようにするのだ。限られた人材でも農業ができるように省力化も図る。福祉、教育、医療と融合するには、「農業本体がしっかりしていないとダメ」（安部氏）だからだ。

国内産業のお荷物とされて久しい農業が、ロボット、ＡＩ、ＩｏＴの力を借りて甦り、ほかの産業と融合しながら日本の風景を変える日が始まろうとしている。

第一章　日本のＩｏＴ農業は世界一

コメ作りのベテランが一五%増収

本章ではまず、ロボットＡＩ農業に欠かせないＩｏＴの実態と、その可能性について語りたい。

ＩｏＴといっても聞き慣れない人が多いかもしれない。とりわけＩＴそのものに疎《うと》い農業界であれば、なおさらのことだろう。しかし、あらゆる産業のなかで農業こそが、そうした最新テクノロジーによって最も変革するといわれている。

というのも、他産業と比べ、高齢化や労働人口の減少のスピードが飛び抜けている。それに、これまでＩＴの導入がほとんど進んでいなかった。その分だけ生産性の向上において伸《の》び代《しろ》があるのだ。実際、この業界でも、ＩｏＴ時代はすでに幕を開けようとしている。

――新潟市秋葉区で水田四〇ヘクタールの作業を受託している有限会社アグリ新潟。代表を務める平野栄治《ひらのえいじ》氏は、コメ作りを始めて五〇年になる。一九九六年には、コメの販売会社である新潟農園も立ち上げている。日本最大の産地にあって、いわばコメを知り尽くしているベテランである。

その平野氏が、あることをきっかけに、収量を一五%も伸ばすことに成功した。

平野氏が導入したのは、農機メーカーで国内最大手のクボタが扱う、ＩｏＴ時代に対応した穀物を収穫するコンバイン。特徴的なのは「ＫＳＡＳ（クボタスマートアグリシステム）」というクラウドサービスに対応していることだ。ここでは便宜的《べんぎてき》にこの収穫機を「ＫＳＡＳコンバイン」と呼んでおこう。

このコンバインは二つのセンサーを内蔵している。一つは収穫しながら穀物のタンパク値と水分値を計測する「食味《しょくみ》センサー」、もう一つはその重さを計測する「収量センサー」だ。

二つのセンサーが収集したデータは、収穫すると同時にすぐさまＷｉ－Ｆｉでクラウドサーバーに蓄積される。そして、スマートフォンやタブレットでＫＳＡＳ専用のモバイルアプリを使い、収集したデータはいつでも、どこからでも、閲覧《えつらん》できるようになっている。一枚の水田で作業を終えれば、刈り取ったコメの食味の平均値と総収量がどの程度だったかも、一目瞭然《いちもくりょうぜん》になるのだ。

センサー付きのコンバインの実力

一般的にビジネスを成功させるには、「ＰＤＣＡ」を実践することが大事だとされている。ＰＤＣＡは、生産管理や品質管理などの業務管理を円滑にする一つの手法。すなわち「ＰＬＡＮ（計画）」「ＤＯ（実行）」「ＣＨＥＣＫ（点検・評価）」「ＡＣＴ（改善）」というサイクルを繰り返すことで、業務を改善していく。ＫＳＡＳは、ＩｏＴによって、このＰＤＣＡサイクルが急速に回り出すことを教えてくれる。

というのも、平野氏はこれまで、ほかの農家と同じように、個々の水田で収量や食味がどういう結果になったかを知ることはなかった。そのため「ＰＬＡＮ（計画）」をしたくても、過去の「ＤＯ（実行）」に対して「ＣＨＥＣＫ（点検・評価）」「ＡＣＴ（改善）」をすることが満足にはできなかったのだ。

他産業からすれば不思議に思うかもしれないが、農業界ではこうした古い時代感覚のビジネス・スタイルが存続しているのはよくあること。いわゆる「経験と勘」だけに頼っているのだ。とりわけコメについては、のちほど述べる理由から、極端な保護政策が取られてきた。そのため稲作農家は、基本的に国の補助金を当てにするばかりで、経営をする必要がなかったのである。

ところが平野氏は、センサーを搭載したコンバインを利用するようになってから、散布した肥料や堆肥《たいひ》の量に応じて収量と食味がどういう結果になるか、それを定量的に把握できるようになった。クボタの営農支援システムであるＫＳＡＳでは、グーグルマップで水田一枚ごとに食味と収量のデータを管理できるので、次年度以降にどういう作り方をすればいいかの参考になる。

KSASコンバイン

たとえば、食味も収量も思うように伸びていなければ、おおむね肥料分の窒素《ちっそ》が不足していることが原因である。その場合には、農地の肥沃度《ひよくど》に応じて適量の肥料をまけばいい。肥料をまく管理機は、その散布量を調整できるようになっている。

あるいは、収量は多いものの食味が思わしくなければ、窒素が多すぎることが要因だから、その散布量を減らせばいい。

いまではPDCAサイクルが回り出し、KSASコンバインを導入してから五年ほどで、「水田一枚ごとに行った作業と投入した肥料の量に対して、どういう結果が出るか、だいたいの傾向がつかめるようになってきた」と喜ぶ。

KSASコンバインは食味の平準化にも役

立つという。コメの水分率は田んぼによってまちまち。それでも従来は、収穫したばかりのコメの水分率が分からないので、収穫した分が水田ごとに大きく開きがあっても、同じ乾燥機に入れるよりほかなかった。

ただこれは、品質を高位安定させるには好ましくない。というのも、もともとの水分率に開きがあるほど乾き方にムラが生じるので、総じてコメの品質を落とすことになるからだ。

一方、ＫＳＡＳコンバインなら、収穫した段階で水分率が把握できる。その結果、同じような水分率ごとに収穫物を乾燥機に入れられるので、こうした事態は防げる。

「ＫＳＡＳコンバインを使うことで、農業が、これまでいかに『経験と勘《かん》』に頼ってきたかが分かったよ。データ分析によるバックアップがこれからの農業を大きく変えていくだろう」

コメ作り歴五〇年に及ぶベテランのこの一言は、ＩｏＴがもたらす変革の大きさを、よく表している。

営農支援アプリで収量三割アップ

農業におけるＩｏＴのインパクトを伝えるため、もう一つの事例を紹介しておこう。こちらは国内最大のトマトの産地、熊本県八代《やつしろ》市。作付面積、生産量、出荷量、どれをとっても日本一である。四〇アールのビニールハウスで大玉トマトを作り始めて五年目の山本恭平《やまもときょうへい》氏は、二〇一五年、前年までの平均と比べて収量を、およそ二〇％増やすことに成功。さらに肥料代を四〇％も減らした。

それを可能にしたのはＩｏＴによる営農支援ツール「ＺｅＲｏ．ａｇｒｉ（ゼロアグリ）」——ベンチャーキャピタルのルートレック・ネットワークス（神奈川県川崎市）が明治大学農学部とともに開発し、全国への普及に乗り出しているものだ。

同社代表の佐々木伸一《ささきしんいち》氏によると、ゼロアグリを使えば、養液土耕システムで作るトマトやイチゴなどの収量が、農業の初心者なら一〇〇％、篤農家《とくのうか》でも三〇％アップする。これは全国八県、一三品目で実証した結果だ。おまけに、灌水《かんすい》と施肥にかかる作業時間は九〇％カットできる。

ゼロアグリは、野菜作りの常識を覆しうるその潜在的な能力の高さから、ＩｏＴ推進ラボが主催する「第一回先進的ＩｏＴプロジェクト選考会議」で準グランプリを受賞している。

二つのセンサーで栽培環境を制御

では、いったいゼロアグリとはどういうシステムなのか。まずはその土台となる養液土耕システムについて簡単に説明しておく。

養液土耕システムでは、水に肥料を溶かし込んだ培養液を、チューブで作物の根元に送り込む。小さな穴が等間隔で開いている専用のチューブを作物の根元に這わせ、その付近にポトリポトリと少しずつ培養液を与える。作物の根に適確に水を届けることができるので、少ない水でも効率的に灌水ができる。加えて作物には、確実かつ効率的に栄養分を届けられる。

しかし利点は多いものの、農家がその能力を最大限に発揮させられているかといえば、決してそうではない。その理由の一つは、現状の養液土耕システムでは、農家が天気や作物の状態を見ながら、水を与える時間の間隔を自ら設定しなければならないからだ。

とはいえ、農家もまさか作物の状態を二四時間監視するわけにはいかない。それどころか、作物の状態を見ずして、いわゆる「経験と勘」でこなしているのが実態である。まさにそこにIoTが入り込む余地がある。

そこで登場するのがゼロアグリだ。作物には生育ステージや品種ごとに理想とされている気温、湿度、地温、土壌EC、土壌水分量、日射量がある。このうち土壌ECとは、肥料分の総量を示したもの。ゼロアグリは、これらの変数のなかで、土壌EC、土壌水分量、日射量を基に、作物の持つポテンシャルを上げるための制御を自動で行う。

コンピュータには、それらの数字を事前に設定しておく。あとはその状態を維持するべく、ゼロアグリで制御された養液土耕システムが、自動的に培養液を与えてくれるのだ。

もちろん土壌ECや土壌水分量は常に変化する。それらを感知するのは二つのセンサーで、これはIoTに欠かせない機器だ。このうち一つは土壌に埋設する。もう一つはハウスの外の屋根付近に配置。これらのセンサーで、ハウス内の地温、土壌EC、土壌水分量、それから日射量といったデータを計測し、クラウドにアップする。

ポイントは、一連のデータから独自のアルゴリズム（計算手順）で培養液を送る最適な量と時間を算出すること。それらの最適値を培養液の供給を一元的に管理している制御装置に伝え、作物に適期に適量を与えていく。

利用者がやることといえば、パソコンやタブレットで目標とする土壌水分量を事前に設定することぐらい。あとはゼロアグリがその目標値を維持するために、完全自動で適期に適量の培養液を供給してくれる。利用者は、ときどきパソコンやタブレットで、気温、湿度、地温などに異常がないか確認するだけでいい。

利用者は、前のシーズンにどれだけの収量や品質を上げられたかを参考にしながら、設定する数字に補正をかけていく。シーズンを重ねるごとにそれらのデータは蓄積され、だんだんと成績を上げていける、優れた仕組みだ。

ゼロアグリには、そのほかの機能として、天気予報もある。これは、ハウス周辺一キロメートルの六時間先までの天気を知らせてくれる。利用者は、培養液の供給量を増やしたり減らしたりする判断材料として活用できるのだ。

作業時間は九割減、肥料代四割減

ゼロアグリのメリットについて、前述の佐々木氏は、「反収《たんしゅう》を上げるのが一番大きいポイントだと思っています」と説明する。IoTは省力化や品質の向上などに資するところは大きいが、単位面積当たりの収量の増加を一番に挙げるのは、日本特有の農業問題が背景にある。というのも、国内ではこれから農家の経営規模が急速に拡大するからだ。

詳細は追って述べていくつもりだが、数年以内に農家が一斉にやめる大量離農が起きる。その流れで、残った農家に、一気に農地が集まってくる。そんな時代が到来するのだ。

ただし、佐々木氏は規模の拡大は手放しでは喜べないという。

「規模を拡大するにも、やることがあると思う。それこそが反収を上げること。むやみに規模拡大しても、うまくいかないのではないか。対処できるだけの技術を確立していないと、結局は労力だけ増えて、手間がかけられない、品質が悪くなる、といった悪循環に陥ってしまう。まずはIoTの力を借り、技術を確立していく。そのうえで利益を出していきながら、やがて規模拡大に向けて投資するほうが着実でしょう」

こう主張している。

ゼロアグリは、一台で対応できる面積に応じて、二種類を販売している。一つは五〇アール用、もう一つは一ヘクタール用。初期導入費用はそれぞれ一二〇万円と一六〇万円。このほかクラウド利用料として月額一万円がかかる。

一二〇万円とか一六〇万円を高いと見るかどうか。たとえば施設における大玉トマトの平均的な粗収益は、一〇アール当たり二六〇万円。ゼロアグリを使った場合、前述の熊本県八代市の山本氏を例にとると、増えた収量二割分の五二万円が加算されて、三一二万円が見込まれる。売り上げだけで見ても、三〜四年もすれば投資分は回収できる。

さらに、平均的な労働時間五三八六時間のうち、灌水と施肥にかかる作業時間を九割減らせる。しかも肥料代は、同じく山本氏の例では四割減らせている。三〜四年といわず、もっと早くに元が取れてしまうだろう。

以上、ＩｏＴについて二つの事例を見てきた。コメとトマトを取り上げたのは、いずれも日本を代表する作物であるからだ。コメはいわずと知れた、日本で最も多くの面積で作られている農産物である。トマトは野菜のなかでは作付面積が最大。それだけに多額の研究予算が投じられ、技術は出尽くしたかと思いきや、ＩｏＴで、収量も品質もここまで飛躍させられるのだ。

「いままで七割五分は勘だった」

ここまでコメとトマトの二つの事例を紹介してきた。取材してみて、私にとって興味深かったのは、それぞれの農家が「経験と勘」の農業に限界を感じている点である。アグリ新潟の平野氏にしろ、八代市の山本氏にしろ、「これまでの農業は『経験と勘』だった。だが、それでは収量や品質を高めることができないと思った」と打ち明けてくれた。

たとえば山本氏。周囲のトマト農家は、データなど皆無のまま、まさに「経験と勘」で肥料をまいてきたという。その結果、何が起きているかといえば、塩類濃度障害である。肥料を与え過ぎて起きる生育上の問題だ。葉のへりから枯れ始め、収量や品質に悪影響を及ぼす。国内最大の産地である八代市でさえ、「経験と勘」に頼ってきた結果、こうした問題が農家を悩ませている。

平野氏と山本氏が語っているように、これまで農業は「経験と勘」の世界といわれてきた。いうまでもなく、「経験」とは人が物事にぶつかることで技能や知識を身に付けることを指す。「経験を積む」という言葉もあるように、積めば積むほど優れた農家となりうる。ただし逆にいえば、それだけ鍛錬するのに時間が要求されるということだ。

また、「勘」は直感を指す。物事の真相を心でたちまち感じ取ってしまうことだ。たとえば作物の葉を見て、水が不足していたり、害虫に侵されていたりすることを、たちまち見抜いてしまうことをいう。

そうした経験や勘には当然ながら個人差が生じ、その有意差こそが農畜産物の出来に違いをもたらす。より経験を積み、より鋭い勘を身に付けた人が篤農家《とくのうか》といわれる所以《ゆえん》はそこにある。

ただ、果たして経験や勘は、どこまで作物の置かれた状態を正確に汲《く》み取り、作物の望んでいる環境を作り出すことに成功しているだろうか。これに関しては、二〇一六年六月のインタビューで、クボタの飯田《いいだ》聡《さとし》取締役専務執行役員（工学博士）が、ＫＳＡＳの利用者から聞いた本音を教えてくれた。

「つい最近、延べ面積七〇ヘクタール、約二五〇の圃場《ほじょう》を管理している新潟の稲作農家に会いにいきました。この農家では、ＫＳＡＳをすべての農地で活用しています。『どうですか』と聞くと、『七割五分くらいは勘と経験通りだったが、残りの二割五分はぜんぜん違っていた。これまでもよく取れていると思っていたが、実際はダメだった。その部分に対して、今年は施肥のやり方を変える』と話してくれましたよ。

農家は、とりわけこれからは、規模を拡大することで新しい土地の管理がどんどん必要になってくるので、親から引き継いだ遺産を十分に管理できなくなってくる恐れがあります。

だからこそデータ農業は欠かせない。篤農家と呼ばれる人々であっても、データ農業をやれば、伸びる可能性は十分にあると思いますよ」

事例として挙げたＫＳＡＳやゼロアグリがもたらしている農業革命は、技能的にも知識的にも高いレベルにある人たちでさえ、作物自身が期待する栽培環境を整えていなかったことを明らかにしている。

しかもＩｏＴの世界が進行するにつれ、この二割五分の余地はもっと広がっていくに違いない。生産現場においてセンサーから得られる情報が増えれば増えるほど、思いもしなかった気づきが生まれてくるからだ。

ビッグデータで直感は不要に

ここで明記しておきたいのは、私はなにも人間の経験や勘を軽視しているわけではないということだ。既述したように、むしろ両者の有意差が農産物の出来に及ぼす影響が大きいことは理解している。

ただ、それと同時に、経験も勘も人間が思っているほどに頼りになるものではないということを強調したい。そのことを論証した人物に、心理学者にしてノーベル経済学賞の受賞者、プリンストン大学のダニエル・カーネマン名誉教授がいる。彼は著書『ファスト＆スロ

ー　あなたの意思はどのように決まるか?』（ハヤカワ・ノンフィクション文庫）で、人間には「システム1」と「システム2」と名付けられた二つの思考法が備わっているという。「システム1」は、たちまちのうちに結論を見出す直感的な思考法のことを、「システム2」は、時間をかけてゆっくりと考え抜く論理的な思考法を指す。通常の思考では、まずはシステム1が働き、それだけでは物事を理解するのに困難を感じたとき、初めてシステム2が登場する。

とはいえ、システム2を使って人間が思考し続けることはないと、誰もが知っている。カーネマン名誉教授によれば、もともと人間の思考は本質的に怠慢である。だから、じっくりと考え抜くことをせず、往々にして直感に頼ってしまうという。

その証左として、次のような問題を提示している。

・バットとボールは合わせて一ドル一〇セントです。
・バットはボールより一ドル高いです。
・ではボールはいくらでしょう?

もしあなたが一〇セントと答えたら、多くの人と同じ間違いに陥っている。正解は五セント。なぜならボールが一〇セントだと、それより一ドル高いバットは一ドル一〇セントとなり、合計が一ドル二〇セントになってしまうからだ。

この問題に答えた大学生は数千人にのぼる。驚くことに、ハーバード大学、マサチューセッツ工科大学、プリンストン大学といった、一流大学の学生でも、正解に至ったのはなんと五〇％に満たなかった。いかに人間が物事を判断する際に直感に頼りやすく、結果的に誤った結論に至ってしまうかを物語っている。

限られた情報のなかで迅速に結論を出さなければいけない場面は、どんな仕事でもやってくる。もちろん農業でもそうだ。いや、台風や病害虫の発生などという外部環境に左右されやすい農業こそ、直感がとりわけ要求されてきた産業であるといえる。

ただし、ビッグデータを生み出すＩｏＴの時代になれば、直感の役割は相対的に薄らいでくる。

ＩｏＴの時代に突入して、ネットワークにつながるセンサーやデバイスを活用すればするほど、収集するデータの量は飛躍的に増えていく。では、農業においてビッグデータ時代を迎えたとき、何がどう変わるのか。

「（情報の）量が変わることで本質も変わる」――共著『ビッグデータの正体　情報の産業革命が世界のすべてを変える』（講談社）でこう主張するのは、オックスフォード大学オックスフォード・インターネット研究所教授のビクター・マイヤー＝ショーンベルガー氏と英「エコノミスト」誌データエディターのケネス・クキエ氏だ。

両氏がその例として挙げているのは、フランス南西部ドルドーニュ県のラスコー洞窟で発見された先史時代（マドレーヌ文化）の壁画。誰もが小学校か中学校の教科書で一度は見たことがあるように、そこには数百の馬などが描かれている。この壁画がピカソの絵とまるで違うとはいえない。現にピカソはラスコーの壁画を指して、「我々はラスコー以来何も考案していない」と語ったことがあるそうだ。

翻《ひるがえ》って、現代において馬のイメージを再現しようと思えば写真がある。デジタルカメラやスマートフォンで撮影すればすぐに完了だ。

ただし、これは本質的な変化とはいえない。というのも、ラスコー洞窟の壁画も写真も馬のイメージである点では同じであるからだ。では、馬の絵を一秒間に二四コマの速さで動かしたらどうだろうか。いうまでもなくそれは動画である。動画と静止したイメージは根本的に質が違う。

農業についても同じである。量が変われば本質が変わる。つまり「経験と勘」の世界から「科学とテクノロジー」の世界へと移行する。それを推し進める存在こそＩｏＴであり、それと相乗効果をなすロボットとＡＩである。

IoT時代の農業に理由は不要

農家が経験と勘を総動員しても、作物の潜在性を最大限に発揮できないのには、もう一つの理由がある。それは、農作物が育つメカニズムについて、その全貌が判明していないことだ。これについては、農業分野のIoTに精通している東京大学大学院農学生命科学研究科附属生態調和農学機構副機構長の二宮正士《にのみやせいし》教授にたずねた。

「作物が環境との相互作用のなかで、どのように育っているかに関して、生物学的に十分説明ができているわけではありません。作物はそれぞれ固有の遺伝子を持ち、その遺伝子が生育ステージに従い、機能を発揮しながら、発芽、成長、開花、結実といった過程を経ていきます。

ただ、それは気温や日照といった外部環境に加え、農家が農薬や肥料をまくといった条件に応じて変化するわけです。さまざまな条件のもと、作物がどのように育つかといった細かなメカニズムまでは、現代の農学は完璧に説明できるまでになっていない。そうしたことについて人間は、まだ十分な知恵を持っていないのです」

以上の話から、作物が育つということは、実に奥深いことであると改めて気づかされる。一七世紀に誕生した近代科学は、その奥深さを、法則をもって探ろうとしてきた。計量できるものと計量できるものとのあいだの関係性を見出《みいだ》そうとしてきたのである。

ただ、これまでのようなアナログ的な手法だと、計量できるデータの量には限りがある。量のみならず収集する時間においても経費においても、だ。そうしたスモールデータの世界で作物の仕組みを解き明かそうとすれば、自然、あたかも関係の深そうなデータに注目せざるをえない。そのうえで、それを説明できる仮説を立て、それらしい項目のデータを集めて立証するよりほかない。

そして、結果的にどうやら仮説が間違っていそうだと気づいたら、人はまずデータの収集に問題があったのではないかと疑ってかかる。それから仮説そのものが誤っていることに気づくには、かなりの時間と忍耐を要することになる。

では、我々はこれからも作物の潜在性を最大限に引き出すために、こうした仮説を立てては立証するという、緩慢なプロセスを繰り返さなければならないのだろうか。結論からいえば、「否《いな》」である。

なぜなら、ビッグデータの時代に入っているからだ。ビクター・マイヤー＝ショーンベルガー、ケネス・クキエの両氏は先の共著のなかで、ビッグデータ時代がもたらす大きな変化についてこう予見している。

「ビッグデータ時代になれば、『もしや』というひらめきから出発し、特定の変数同士をピックアップして検証するといった手順はもはや不可能だ。データ集合があまりに大きすぎるし、検討対象となる分野も恐らくずっと複雑になる。幸いなことに、かつて仮説主導型にせざるを得なかった制約も、今はほとんどない。これほど大量のデータが利用でき、高度な計算処理能力があるのだから、わざわざ手作業で相関のありそうな数値を勘でピックアップして個別に検証する必要などない。高度な計算解析を駆使すれば、最も相関の高い数値を特定できるのだ」

両氏が述べているように、ビッグデータの時代には、相対的な価値の重要さは因果関係から相関関係に主軸が移る。もともと人間は知的好奇心が旺盛だから、物事の仕組みを解き明かすのに因果関係を追い求めがちだ。あらゆる結果には必ず原因があるというわけである。ただ、因果関係を追求するのは骨が折れる。追求したところで原因などないかもしれない。個人的な志向で因果関係を好むのは結構だが、世界に伍していく農業を築くという観点からは、今後もそれを続けるのは時代遅れだろう。

そうした農業において、まずもって肝心《かんじん》なのは、結果を出すこと。たとえばそれは、収量や品質とともに売り上げを上げることである。あるいは資材費や人件費などを削ることで、コストを下げていくことである。

そのためには、障壁となっている原因が分からなくても構わない。大事なのは、どうすればいいか、だ。それを明確にするのが相関関係であり、そのための材料がIoTによって集めるビッグデータというわけである。

押さえておかなければならないのは、IoTの時代には因果関係の意味が希薄になること。まさしく「『結論』さえ分かれば、『理由』はいらない」のである。

農家が収集すべき三つのデータ

近代科学の父であるガリレオ・ガリレイは「測ることができるすべてのものを測れ。測ることができないものは、測ることができるようにしろ」と諭《さと》した。まさにIoTは、ガリレイが五世紀前に示した世界観の行き着く先にほかならない。

では農業については、どんなデータが取れるのだろうか。ここでは、農家にとって最も大事な農業生産の現場に限って話を進めたい。これに関して前述の二宮教授は、「大きく分けて三つのデータがあります。つまり環境情報と管理情報、生体情報です」と説明する。

一つ目の環境情報というのは、気象、土壌、水といった、植物が育っている環境に関すること。場合によっては作物以外の微生物の働きを入れることもある。

二つ目の管理情報というのは、人によるマネジメントに関すること。たとえば、種子、農薬、肥料をまいた時期やその量、あるいは農業機械をどこでどれだけの時間を動かしたかも含む。人がロボットを通して、間接的に働きかけることもこれに当たる。

三つ目の生体情報というのは、作物の生育状態に関すること。葉の面積、果実の糖度や酸度、収量といった作物そのものの情報などだ。

二宮教授は、以下のように話している。

「農業の場合、最終的な目標は、一定以上の品質や収量を得ることにあります。そこに立ちはだかるのは環境の不確実性です。野外で農作物を作る限り、人間は環境を変えられない。そこで目標達成のために、環境に応じて人間が適当なマネジメントをすることになる。つまり、いつ耕すとか、どれくらいの肥料をまくかといったことです。

それを判断するうえで大切なのが、三つのデータをきちんと集めること。そして蓄積したビッグデータを解析して、科学的な農業をやっていくこと。これがＩｏＴ時代の農業の基本になります」

「センサー大国」日本の優位性

本章の冒頭に紹介した新潟県新潟市と熊本県八代市の事例においては、いずれもこれら三つのデータがすべて十分にそろっているわけではない。それでも大幅な増収や経費の節減が実現できていた。

そのため、先ほど取り上げたクボタの飯田氏の話のなかで、新潟の農家がＩｏＴの入り込む余地について「二割五分」と語る数字が、時間の経過とともにもっと高くなるのは間違いない。これからさまざまなセンサーが実用化されてデータ量が増えるほどに、分からなかったことが分かるようになり、より緻密な栽培管理ができるようになる。

データ収集は、日本が農業ＩｏＴを最大限に活用するうえでの基礎である。この点で強調したいのは、日本が「センサー大国」ということだ。

日系企業はセンサー開発において優れた技術を持つ。電子情報技術産業協会（ＪＥＩＴＡ）の「センサ・グローバル状況調査」によると、二〇一四年の出荷額において数量ベースで世界シェアの四七％を握っている。

日本はデータ収集やデータ解析のレベルの高さでも世界トップクラス。問題は、そうした技術分野の企業や人が個々に仕事をしていることだ。日本農業が成長産業となるには、こうした企業や人が互いに連携したプラットフォームを形成できるかどうかも重要になってくる。

これまでの日本では、農業界と他産業、そして省庁のあいだに壁が立ちはだかっており、イノベーションが起きにくかった。ただ、ここに来て変化が起きている。

経済産業省と総務省は、二〇一五年一〇月、官民挙げてＩｏＴやＡＩなどを活用した産業や社会の構築を目指す「ＩｏＴ推進コンソーシアム」を設立。会員として二〇〇〇社以上が加入している。

加えて他省庁とも積極的に連携しながら、ＩｏＴ関連技術の開発や実証、先進的なモデル事業の創出、さらには規制緩和など、環境整備を進めているところだ。本章で紹介したゼロアグリもこのコンソーシアムの支援事業で表彰されている。

こうしたオープンイノベーションへの取り掛かりは、ＩｏＴによる産業革命「インダストリー4・0」を掲げるドイツや米国からやや遅れをとったものの、日本でもようやく始まろうとしている。

必然的な大量離農で何が起こるか

加えて強調しておきたいのは、日本の農業はＩｏＴを活用するうえで絶好の機会を迎えつつあることだ。その最大の理由は、これから数年以内に零細な農家が一斉にやめる「大量離農」にある。

これによって、残る農家の大部分では規模の拡大や農地の集積が進むと同時に、必然的にＩｏＴ、ロボット、ＡＩを求めざるを得なくなってくる。これからの日本農業には、そうしたテクノロジーを最大限活用する「農業版インダストリー4・0」の世界が到来することになる。

以上の点についてはもう少し詳しく見ていきたい。まず、なぜ大量離農が起こるかの詳細については、拙著『GDP4％の日本農業は自動車産業を超える』（講談社＋α新書）をご覧いただきたい。が、ここで簡単にその理由を述べると、圧倒的多数を占める高齢の農家が、これから数年以内に、彼らの実質的な「定年」である七〇歳を迎えるからなのである。

もちろん農業という職業に定年はない。それが農業のいいところである。ただし、実際には体力的な理由などから、大半の農家が七〇歳を境に農業から離れていく。そのことは、農林水産省が五年ごとに発表する大規模な統計情報の「農林業センサス」が示している。

それでも、これまでは農家の子弟がその後を継いできた。大きな理由として、「先祖代々の農地は守らなければいけない」といった思いがあったからだ。「先祖代々」といっても、多くの農家にとっては戦後の農地改革で手に入れた農地。が、それでも、小作農から自作農になれた喜びや感慨というのは計り知れないものがあった。それが先の言葉には詰まっている。

ただし、農地改革から約七〇年が経ち、農地を守ろうという農家の意識はかなり薄らいできている。いまや農家といっても土地持ち非農家だったり、祖父母や両親が農業をしているにしても、その子弟はサラリーマンだったりする。そうした子弟が実家を離れて暮らしているとなれば、なおさら農地に対する執着はなくなっているのだ。

おまけにコメの販売価格は、長期的に見れば下がり続けている。売上高が落ちているのに、コメの生産費はたいして下がっていない。当然ながら、農家は商売あがったり、である。もはや経営体力は残っていない。だから農家は、農業機械が一度壊れてしまうと、だいたい離農するのが常となっている。

巷間《こうかん》では離農が加速していることは危機とされている。ただ見方を変えれば、それは日本農業が衰退産業から成長産業に生まれ変わる絶好の機会でもある。というのも、生産現場において生き残る農家のもとに、農地がどんどん集約されていくからだ。

販売金額が年間二〇〇万円以下の零細農家が大多数を占める日本の農業界だが、いまや農業経営体の六割近く（五七・九％）が五ヘクタール以上の耕地を持ち、経営耕地面積一〇〇ヘクタールを超える農業経営体も八・二％にものぼっている。そして二〇二〇年には、経営耕地面積一〇〇ヘクタールを超えるメガファームが全体の一割以上を占めることが予想される。

これからも営農を続けていく農家は、こうした農村の変容を感じ取り、すでに大規模化の準備に取り掛かっている。つまり零細な農家が一線を退くということは、農業という産業にとってみれば、明るい材料なのである。

超高齢化と大量離農へ究極の対策

ただし、急激な構造変化は亀裂を生む。つまり、大量離農は同時に、農地の大量放出を伴う。残る農家がそうした農地を引き受けながら、やみくもに新たな設備投資を進めてしまえば、次々と経営破綻しかねない。

加えて、農地を広げていく農家が心配しているのは、管理が行き届かなくなることだ。たとえば稲作については、田植えから収穫までの四ヵ月ほどにわたって、毎日のように水田を見回る「水管理」という仕事がある。稲の収量や品質を保つために欠かせない仕事だ。

とりわけ近年は、夏場の異常高温が稲の生育に悪影響をもたらす「高温障害」が問題になっており、水管理は重要さを増している。気候変動による温暖化の影響なのか、夏場の異常高温でコメが白濁する症状が多発しているからだ。すなわち、水管理をいかに適切に行うかが収量や品質を左右する。

農地が広がれば、作業はそれだけ大変になる。米価が低迷するなか、水管理のためだけに雇用を増やすことは、経営的に難しい。

一方で、政府は二〇一三年、コメの国際競争力を高めるため、向こう一〇年でその生産費を四割削減するという大きな目標を掲げた。現状が一俵当たり一万六〇〇〇円なので、一万円を切る計算である。どんな業界であれ、わずか一〇年で経費を四割減らせといわれれば、非常な困難が伴う。

ただ、悲観することはない。広がる農地への対応とコストの削減、その狭間《はざま》を埋めてくれる心強い味方としてのロボットＡＩ農業がある。これは収量や品質を高めるだけでなく、それまで人手をかけなければいけなかった作業を大幅に減らしていく。第二章以降で詳しく触れるように、たとえば農地に水位を計測するセンサーを設置し、まったく人手をかけずに水管理ができる、そんな方法が開発されつつある。

さらにセンサーで収集するビッグデータがロボットやＡＩと結び付けば、種まきや収穫、農薬や肥料の散布が、より高度な次元でできるようになり、そうした農作業も人手を必要としなくなっていく。これにより労働力不足が解消され、生産性は飛躍的に高まっていくはずだ。

農家の超高齢化で大量離農を迎える日本農業は、ＩｏＴと向き合う必然性と緊急性を、どの国よりも持っている。必然性や緊急性こそ自己変革にとって最大の好機。この好機を生かせるかどうか、そこに日本農業の命運もかかっている。

第二章　スマホとロボットで世界一のコメ作り

水田農業にとって戦後最大の好機

前章で触れたように、日本のコメ作りに大きな変革の波が押し寄せている。第一の波は、稲作農家の大半を占める、販売金額が年二〇〇万円以下の零細農家が、これから数年以内に一斉にリタイアすることだ。残された農家は、大量離農によって放出される農地を引き受けていくことになる。

ただし、それと同時に、彼らにとっては深刻な問題が立ちはだかってくる。大規模農業を上手に運営する経営の問題だ。

米価が低迷するなかで雇用を増やすことは難しい。それでも広がっていく農地を請け負いながら、これまで以上に収量も品質も上げるよう努力する必要に迫られる。まさに大量離農は、日本の水田農業にとって戦後最大ともいえる好機であるとともに、それにどう対処するかが一大問題なのだ。

ただ、日本の水田農業にとってありがたいのは、もう一つの大きな変革の波が押し寄せていることである。その波こそ「農業版インダストリー４・０」だ。ロボット、ＡＩ、ＩｏＴといった最先端の科学とテクノロジーは、労働力不足の穴を埋め、農場の管理能力を飛躍的に高めていく可能性を秘めている。

本章では、日本の基幹作物であるコメが弱体化した経緯をたどるとともに、かつて世界トップクラスを誇ったその実力を再び取り戻す道筋をレポートしていきたい。あわせてＩｏＴはどのように進化していくのか、そしてロボットとどう連動するのかについて、具体例を挙げながら紹介していく。

稲作農家の農業所得は六・五％

国内における農業総産出額は下がる一方だ。一九八四年に一一・七兆円だったのが二〇一四年には八・四兆円となり、三・三兆円も下がってしまった。日本の農業が衰退産業といわれている所以である。

では、農業総産出額をここまで押し下げた戦犯は何なのか——その要因を探るには、この期間における各品目の推移を見ればいい。コメが三・九兆円から一・四兆円と、二・五兆円も減っているのだ。これは全体の減少額の七五％を占めている。ほかの品目では、畜産や果実は千億円単位の減少に過ぎない。野菜に至っては、むしろ二・〇兆円から二・二兆円へと二〇〇〇億円も増加した。

こうして見ると、コメこそが日本農業の足を引っ張っていたといえる。

コメだけが劇的に弱体化したのは、一言でいえば「守られてきた」からだ。それは、たとえば農林水産予算を見れば一目瞭然である。二〇一六年度の農林水産予算二・三兆円のうち、およそ三分の一がコメに関する予算となっている。農業の成長産業化を目指す安倍晋三《あべしんぞう》政権が、いまだにこれだけの予算規模を衰退している品目に割いている……いかにも歪《いびつ》といえるだろう。

では、これだけ莫大な予算が、いったいどこに投じられているのか――その大部分は生産調整だ。世間では、生産調整というよりも「減反《げんたん》」といったほうが聞き慣れた言葉かもしれない。

その目的は、名前の通り生産面積（＝反）を減らすことにある。生産を減らすことに巨額の財政資金を投じるなど、ほかの産業であれば、まずもってありえない事態だろう。

一九七〇年に始まった減反政策のもともとの目的は「食管赤字」の解消にあった。戦後しばらく食糧難が続いたものの、一九六〇年代も後半に入ると、コメは余るようになっていた。政府は生産者から高値で買い、消費者に安値で売ることを実施してきたが、コメ余りで逆ザヤが増大していった。その赤字を抑えるために始まったのが減反政策だったのだ。

ただ、いまや減反政策は、高米価を演出するために利用されている。コメの生産量を抑えれば需給は均衡《きんこう》し、市場原理にゆだねるよりも米価が上向くのは必然だ。

また減反政策は、まさに「一律減反」と呼ばれているように、その配分はあらゆる農家に降りかかってきた。専業農家だろうが兼業農家だろうが関係ない。どれだけ生産性が高くても、どれだけ品質がいいコメを作っていても、そうではない農家と同じ割合で減らすべき面積が配分されてきた。「四割減反」ともいわれるように、全国の水田面積の四割に当たる約一〇〇万ヘクタールがその対象である。

国は多額の補助金や交付金でもって減反を推進してきた。結果的に、コメ農家は経営感覚を失ってしまった。コメ農家は、経営に専念するよりも、農政の動向ばかり気にするようになってしまったのである。

同時に、減反政策によって米価が高値に維持されたことで、兼業農家や年金生活者が農業から引退するのを遅らせてしまった。

たとえば、営農類型別に二〇一四年の個人経営の農家の年間所得を見たとき、コメを柱に麦や大豆などを含めた稲作農家の総所得は四一二万円。驚くなかれ、このうち農業所得は二七万円と、六・五％に過ぎない。

一方、サラリーマンとしての収入を柱とする農外所得は一六四万円、年金などは二二〇万円……つまり農業以外の所得が九割以上を占めているのだ。いかにコメを作っているのが兼業農家や年金生活者ばかりであるかがわかるだろう。こうした農家が本気でコメ作りをするはずがない。

単位当たりの収量は五位→一四位

そこで注目したいのは、減反政策が続き、日本のコメの生産力がどうなったかということである。結果的には、国際競争力を大幅に落としてしまった。

農林水産省系の研究機関である農業・食品産業技術総合研究機構（以下、農研機構）中央農業研究センター所長の梅本雅《うめもとまさき》氏は、世界におけるコメの生産力ランキングをまとめている。その調査結果によると、コメの単位面積当たりの収量で、日本は一九六一年時点で世界一〇二ヵ国中の五位だったが、二〇一二年には一四位にまで下がってしまった。

日本がランクダウンしたのは、ほかの国々が生産力を急速に付けてきたことが理由としてある。なかでもエジプトや東南アジア諸国は、農地に水を供給するための灌漑《かんがい》施設を整えたり機械化を進めたりして収量を伸ばしている。

ただし、肝心な理由がもう一つある。日本では、減反政策の影響で、収量が多い品種の開発が放っておかれたことだ。なにしろコメの生産を減らすのが目的である。量がたくさん取れる品種などご法度《はっと》だった。

時代的な背景もある。というのも、一九七一年を転換点として、日本人一人当たりの摂取カロリーは右肩下がりになっていく。それとともに食に対する価値観も、総じて「量」から

「質」に移り変わっていった。

これ以降、コメに関しては、生産においても消費においても良食味ばかりが重視されてきた。その代表は「コシヒカリ」……収量が多いわけではないが、味が濃くて粘りが強い品種が作られるようになったのだ。

品種ごとに作付面積のランキングを見ると、トップ二〇のうち一九は「コシヒカリ」とその血をひいた品種である。もちろん、時代が良食味を要求したわけだが、以上のような流れのなかで、日本のコメの生産力は世界一四位にまで転落してしまったのだ。

一〇〇ヘクタール以上が一割超え

では日本のコメは、このまま衰退するしかないのかといえば、決してそんなことはない。まさにいま捲土重来《けんどちょうらい》のビッグチャンスが訪れている。それは本章冒頭でも触れた大量離農だ。これから数年以内に零細な農家の大半が七〇歳を迎え、一斉に農業界から引退していく。その結果、残された農家のもとに農地が集まってくる。それも、急速かつ大規模に、である。

規模の拡大がどれだけ進むかを知るのに、農研機構が一つの予測値を出している。二〇一〇年の「農林業センサス」を基に、北海道を除く都府県における担い手に期待される水田農業経営体の経営耕地面積規模が二〇二〇年にどうなるかを予想したもので、平均して六七ヘクタールになると読んだ。最も大規模化すると予測したのは中国地方で九二ヘクタール。続いて東海と近畿が七〇ヘクタール、北陸が五六ヘクタール、東北が五〇ヘクタール、そして関東は四五ヘクタールになるという。

ちなみに北海道を除いたのは、まったく違うスケールで規模の拡大が進んでいるため。道内では一〇〇ヘクタール以上の農業経営体はざらに存在する。

さて、この予測値を算定した根拠は次のようになっている。まず、担い手となる農家を「稲作の販売金額一位の法人組織経営体と経営耕地面積一〇ヘクタール以上の販売農家」と仮定。そのうえで、都府県で二〇一〇年からの向こう一〇年間に起こる事態として、次の四つを想定した。

①農業就業人口は三六％減少
②農家数は一六〇万戸から一〇五万戸に減少
③離農により放出される農地面積は五一万ヘクタール（田：三七万ヘクタール、畑・樹園地：一四万ヘクタール）
④放出される農地を引き受ける水田農業経営の担い手は約一万四〇〇〇経営体

この予測値の元データとなる「農林業センサス」は、「二〇一〇年版」であって「二〇一五年版」ではない。それでも大きく外れることはない。この調査に携わった先述の農研機構中央農業研究センター所長の梅本氏は、「二〇一五年の『農林業センサス』を見る限り、当時の予測はほとんど外れていない。だから数字に大きなズレは出てこないだろう」と話している。

一つだけ注意しておきたい。それは、この予測値は大量離農によって放出されてくる農地を、残る農家がすべて引き受けることを前提にしているということ。当然ではあるが、農家が周りから農地を借りるように頼まれても、それを引き受けるかどうかは、あくまでも個々の経営判断になる。特に、これから放出されてくる農地は少なからず条件が不利な場所もあるので、実際には予測値より経営耕地面積は少なくなるはずだ。とはいえ、経営耕地面積がかつてないほどの規模に拡大していくのは間違いない。

急速な規模拡大の傾向は、二〇一五年の「農林業センサス」でも顕著になっている。経営耕地面積規模別の農業経営体数を五年前と比べた増減率を見ると、北海道以外の都府県では経営耕地面積五ヘクタール未満の農業経営体が減少した。対して五ヘクタール以上では軒並み増加。特に一〇ヘクタール以上の農業経営体の増え方が大きい。北海道では一〇〇ヘクタール未満の農業経営体は一様に減少し、一〇〇ヘクタール以上は二八・八％も増加した。

いまや全国の農業経営体の五七・九％が五ヘクタール以上の耕地を経営し、経営耕地面積一〇〇ヘクタールを超える農業経営体も八・二％にのぼっている。二〇二〇年には経営耕地面積一〇〇ヘクタールを超えるメガファームが全体の一割以上を占めることが予想される。

いってみれば、日本のコメは、長い年月をかけてしなりにしなった弓の弦《つる》のようなものである。弓につがえた矢を飛ばすきっかけこそ、大量離農であり、ロボットＡＩ農業時代の到来だ。

たとえば前章で紹介した新潟市の平野栄治氏は、農機メーカーのクボタが販売しているＫＳＡＳコンバインを使うことで、一〇アール当たりの収量を一五％も伸ばした。もし全国的に一五％増やせれば、日本のコメの収量は、現在の世界一四位からランクアップして五位のスペインに比肩することになる。つまり、再び世界トップクラスの生産力を手にすることになる。

しかもＩｏＴの世界に突入すれば、さらに生産力を上げるための手段は数知れないほど出てくる。

では、新たな時代のコメ作りはどうなるのか。その行方を探るべく、まずは国内最大のコメどころである新潟県を訪ねた。

うまいコメ作りに欠かせぬ水管理

五月後半に入った昼下がりの新潟市はじりじりと太陽が照りつけてきて、思っていたよりも暑かった。同市ニューフードバレー特区課の小出隆嗣《こいでたかつぐ》氏らと一緒に向かった先は、市の南東部に位置する秋葉区。平坦部に広がる水田に植えたばかりの苗が風に揺れている。

しばらくしてから、この水田を管理する農事組合法人ファームおぎかわで理事を務める本《ほん》間慎太郎《ましんたろう》氏がミニバンでやってきた。あいさつもそこそこに、本間氏がつなぎのポケットから取り出したのは、スマートフォンである。

「これで水管理がだいぶ楽になったんですよ」

そういって相好《そうごう》を崩した本間氏は、よく日に焼けた手で、すぐにタッチ操作を始めた。そして見せてくれたその画面には、水位、水温、気温、湿度、降水量などという項目の横に、それぞれ数字が書かれている。「水位一〇センチ」「気温二七度」などといった感じだ。

このデータを計測しているのは、田んぼの端に立っているポール。このポールはセンサーを搭載しており、そのセンサーが収集したばかりのデータが、本間氏のスマートフォンに一時間ごとに送信されてくる。

なぜこうしたデータを収集しているかといえば、「水管理」の手間を省くため。稲作農家は田植えをしてから稲刈りをする直前までの約四ヵ月間、毎日のようにすべての田を巡回して、水位を確かめている。もし水位が基準より低くなっていたら、取水口である「水口」を開け、用水路から水を引き入れる。あるいは水温が基準より高くなっていたら、同じく水口を開けて田に冷たい水を引き入れ、水温を下げる。

とりわけ近年は「高温障害」が問題になっているので、水管理の重要さは高まるばかりだ。どういうことかといえば、夏場になると異常なほどの高温になりがちで、そうすると稲は、水を吸うよりも蒸散するほうが活発になる。結果的に稲が蓄えるべきデンプンが穂に溜まらず、実らなかったり、下手をすると枯れてしまう。たとえ実ったとしても、粒は細長くなったり小さくなったりする。もちろんそんなコメがうまいはずがない。

水管理は地味ではあるが、コメの食味や収量を維持するには欠かせない仕事なのだ。

ドコモは水管理の時間を大幅短縮

とはいえ厄介《やっかい》なのは、この水管理にかかる作業時間が、全体の実に三分の一にも及ぶということだ。それだけ時間がかかるということは、経営コストに占める割合も、それに比例して高くなる。

特に、大量離農に伴い放出された農地を取得することによって個々の農業経営体が抱える農地が広がることが予測されるなか、水管理への対応は喫緊の課題となっている。逆にいえば、水管理を省力化することで、水田農業の重要課題である規模の拡大や経費・作業時間の節減にも対応できることになる。新潟市がそのために市内各所で取り掛かっている実験こそ、本間氏が使っている水稲向け水管理支援システム「Ｐａｄｄｙ　Ｗａｔｃｈ」（以下、パディウォッチ）なのだ。

開発したのは食や農などの分野においてセンサーネットワーク応用システムの設計をするイーラボ・エクスペリエンス。パディウォッチに搭載した通信モジュールを提供するＮＴＴドコモが、二〇一六年四月から販売している。

パディウォッチの計測器付きポール

パディウォッチでは、センサーを使って、水田の水位、水温、気温、湿度という四つの情報を定期的に計測し、そのデータをインターネット経由でサーバーに蓄積していく。このとき利用者のパソコンやスマートフォン、タブレットにも、同じ情報が同時配信される。

「気温が上がってきたけれど、あの辺の田んぼの水温はどうだろうか」「水の蒸発が激しくて稲体《いなたい》が露出している田んぼはないだろうか」などと心配になったとき、わざわざ田んぼへ出向いて確認することはない。端末を見れば、知りたい水温も水位も、数値で確認できる。

すべての田んぼに計測器の付いたポールを立てる。円筒形の測定器は「水圧と気圧の変化で水位を測る仕組み」（ＮＴＴドコモ）という。

ポールの高さは一・五メートルほど。水田にしっかり差し込んで立てれば設置完了だ。ポールの上部にある円筒形のケースにはＳＩＭカードが内蔵されている。ＳＩＭカードというのは、電話番号の識別情報が記録されたＩＣカードのこと。スマートフォンやケータイ、タブレットには、このカードが差し込まれているので、音声通話やデータ通信ができるのだ。

パディウォッチのＳＩＭカードはＮＴＴドコモの携帯電話網を使ってインターネットにつながり、計測したデータをサーバーと利用者のスマートフォンやタブレットなどの端末へと送る。

パディウォッチで収集できる水位、水温、気温、湿度といったデータは、稲の生育にとって重要な要素。これらのデータが危険値に達したら、アプリケーション（以下、アプリ）が端末の画面を通常の青色から赤色に変化させて警告するようになっている。

専用アプリでは、局地的な天候予測を配信するサービスも提供する。「この場所」の七二時間後までの天候予測と合わせれば、「六時間後に雨が降るようなので、気温が下がって水位が上がるな」などと予想が付き、確実な対策を取ることができる。

現行品は電池で動く。単一電池四つで軽くワン・シーズンは使える。太陽光パネルを採用することも検討している。

ちなみに、ＮＴＴドコモはパートナー企業と組んでＩｏＴによる農業経営の効率化を進めているところだ。続いてパディウォッチで収集したデータを、スマートフォン用のアプリサービス「アグリノート」でも閲覧できるようにした。ウォーターセルが開発したこのクラウド型の農業生産管理ツールを使えば、グーグルマップで農地ごとの作業を記録できる。

またこのアプリは、農作業の管理者が、誰がどの農地でどんな作業をするかを事前に入力しておけば、各従業員はスマートフォンを見るだけで、一連の情報を把握できる。地図上で現在地と作業現場を確認できるので、誤って他人の農地で田植えや収穫をすることを防げる。もし近くに作業の遅れが発生していれば、オペレーターは応援に駆けつけることもできるのだ。

パディウォッチで高度な管理を

では、いままでは、どうやって作業を管理してきたのだろうか。他産業の人たちは驚くかもしれないが、おおよそ次のようなアナログ的手法になっていた。

従業者は毎朝、農作業を請け負っている地域ごとの地図を受け取る。そこには土地の区画ごとに個人名が書かれ、それぞれ青、赤、黄などのマーカーで囲ってある。個人名は地権者であり、マーカーの色はこなすべき作業の内容である。

農業機械のオペレーターは、毎朝、事務所でこの地図を受け取り、そこに書き込まれた指示の通りに作業をこなす。一日の作業を終えて事務所に戻ったら、その日の作業の流れを別の紙に手書きして提出する。事務員の一人が集まってくるメモを基に、それぞれのオペレーターが作業した内容をパソコンに入力するという段取りである。

コメを作っているあいだ、これを毎日繰り返すわけである。いかに面倒な手順を踏んでいたかが分かるだろう。

従業員はメモ書きするだけで数十分はかかるので、少なくない残業代が発生する。また作業受託の請求書作りは、各自の手書きのメモがもとになる。もし記入漏れがあれば、請求することはできない。農作業でへとへとに疲れて帰ってきた従業員がきちんとこまめにメモを書ききれるはずもないのは想像に難くない。

すでに紹介したように、農研機構の予測では、地域の担い手と呼ばれる水田農業経営体の経営耕地面積の平均は、二〇二〇年には北海道を除き六七ヘクタールになる。日本の農地一枚の平均面積は三〇アールなので、一つの農業経営体が経営する水田は二三〇枚近い枚数になる。従業員は地図を片手に現場に向かうとはいえ、狭い空間に小さな区画の農地がひしめいているような場所なら、誤って他人の田んぼで作業をしてしまうことがあってもおかしくはない。

「アグリノート」は、そうした手間や無駄、あるいは気苦労を、一気に解消してくれるわけだ。実際に行った作業を入力した生産履歴と、その結果としての作物の収量や品質も把握できるので、次年度以降の作業にも役立つ。

パディウォッチと連携させれば、収集した水位や水温などのデータは自動で取得できるうえ、生産履歴に関するデータ量がそれだけ増えるので、より高度な管理につなげられる。

アップルウォッチを採用した農場

パディウォッチに注目しているのは日本の農業関係者だけではない。米アップルは、アップルウォッチとしては初となる農業用アプリとして、パディウォッチを採用した。その試験地となった農業法人が熊本県阿蘇《あそ》市にあるというので、二〇一五年一二月に訪ねてみた。

飛行機で東京から熊本に向かうと、陽のある時間であれば、阿蘇の上空で眼下に広がるカルデラの巨大さに驚愕するに違いない。日本第二位の規模を誇るその凹地《おうち》「阿蘇カルデラ」

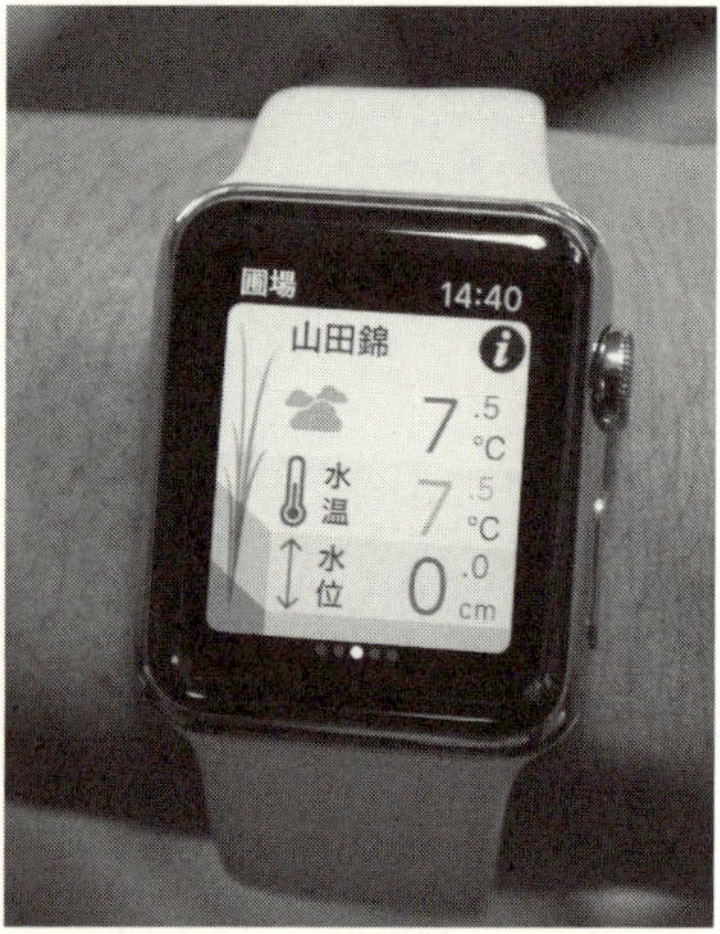

アップルウォッチの画面

には、五五〇〇ヘクタールを超える農地が広がっている。

この一角で、イネと大豆を作る内田農場の経営耕地面積は、約五〇ヘクタール。巨大カルデラ内で営農する農業経営体のなかでは最大規模だ。

新潟市のファームおぎかわでも行っているが、これだけの面積でコメ作りをするには、それこそ水管理が大変である。しかも、内田農場の田んぼは三五〇ヵ所にわたって点在している。水管理の煩雑《はんざつ》さは想像するに余りある。

引き受ける田んぼの面積が年を追うごとに増加するなか、水管理の方法を抜本的に変える必要を感じた社長の内田《うちだ》智也《ともや》氏は、IoTによる水管理の支援システムを探していた。そんなときに出会ったのがパディウォッチ。導入に当たって持ちかけられたのは、パディウォッチをアップルのiOSにも対応させる世界初の試みに参加することだった。

内田農場は現在、田んぼの水管理用の端末として、アイフォーン五台、アイパッド三台、そしてアップルウォッチ一台を所有。内田社長を含めた五人の社員は、それぞれがいずれかの端末を持ち歩くことで、担当する圃場の状態を二四時間どこにいても把握することができるようになった。

水口が自動開閉するシステム

以上の話は「農業版インダストリー4・0」の初期段階に過ぎない。IoTが作る世界は、もっと大きな可能性を秘めている。つまり、人が介在することなく、モノがモノを制御していくのだ。

そういう観点からITベンチャーの笑農和《えのわ》は水管理でもう一歩先に進もうとしている。同社が本社所在地の富山県で実験しているのは、水口の水門が自らの判断で開閉するIoTサービス「paditch」(以下、パディッチ)だ。

開発したステンレス製の水門は、内部にセンサーとSIMカードを内蔵している。センサーでは水位と水温を計測し、この二つのデータをインターネット経由でサーバーに蓄積していく。このときに利用者は、パソコン、スマートフォン、タブレットでも、同じ情報を閲覧できる。

さらにパディッチでは、水門がコンピュータであらかじめ設定した時間帯や水位に応じて自動で開閉して田んぼの水を調整する。利用者は水門から送信される水位と水温のデータを確認し、異常があれば駆けつける。さらに将来的には、スマートフォンやタブレットをタッチ操作して遠隔地から水田ごとに水位を設定し、自動的に水門を開閉できるようにする。

加えて水田に異常が起きたとき、スマートフォンやタブレットに警報を伝えるサービスも検討している。その異常時とは何か？　たとえば田んぼでは、モグラが畦に穴をあけるといったことがたびたび起きる。そうなれば、田の水が穴から漏れ出て水位が急速に下がってしまう。そんなときにはパディッチのセンサーが感知し、利用者に警報音で知らせてくれるようにするのだ。もちろんそうした緊急事態でも、水門は自動的に開閉してくれる。

パディッチは私が取材をした二〇一六年の時点では市販しておらず、あくまでも試験段階。ただし、笑農和の代表である下村豪徳《しもむらかつのり》氏は、「二〇一七年までには実用化させる」と意気込んでいる。水門一台当たりのモニター利用料は月一一万円。四年目以降は四〇〇〇円にする予定だ。

クボタが描くロボット農機の未来

ここまで見てきたように、水管理一つとっても、ＩｏＴは農業に劇的な変化をもたらす。

しかもコメは「米」と書くように、「八十八」もの手間がかかるとされていることからも、改善できる作業は多い。

それだけに、下村氏が描くIoTによる水田農業の「農業版インダストリー4・0」の構想は、これで終わりではない。その構想を劇画風のイラストで描いたチラシがある。そのタイトルは「新時代を切り拓く　水位調整サービス」……先ほど紹介した自動開閉の水門に加え、水田の上をドローンが飛び、葉色を表すSPAD値を計測したデータをスマートフォンに送信している様子が描かれている。SPAD値からは稲の栄養状態を把握できるのだ。

前述したが、「IoT」は別称として「IoE」ともいう。IoEは「Internet of Everything」の頭文字を取った言葉で、まさしくあらゆるモノがインターネットとつながる世界を表している。水口だけでなく、ドローンにしろ農機にしろ、すべてがインターネットにつながり、モノがモノを動かす世界がやってくるのだ。

農機メーカーとして国内最大手のクボタもまた、IoEという観点から、近未来の水田農業の姿を想像している。取締役専務執行役員にして工学博士の飯田聡氏に、大阪市の本社で、そのイメージビデオを見せてもらった。

動画に映っていたのは、無人のロボット農機が田畑を自由に駆け回る光景……流線型をしたいずれのロボット農機にも運転席がなく、その分だけ余計に稲の苗を積み込めたり、収穫した穀物を貯蔵したりできる構造になっている。

映像では「空飛ぶロボット」と呼ばれているドローンが飛行している。音声や文字による解説がないので正確には分からないが、どうやら作物の生育状況を分析しているようだ。ここまでは先の笑農和のイラストと同じ。続いて無人のコンバインが穀物を刈り取りながら、その真横で併走する、これまた無人の集積車に搬送筒（オーガ）を渡して、収穫したばかりの穀物を排出している。

農地のどこにも人の姿は見当たらない。それでもロボット農機は正確に仕事をこなしている。これはSFの世界なのだろうか。いや、決してそうではない。すでに現実は動き始めているのだ。

マルチロボットシステムとは何か

次は、JR札幌駅から徒歩で一五分少々の市街地にある北海道大学農学部だ。その裏手には、日本一広いキャンパスを持つ大学にふさわしい規模の農場が備わっている。

二〇一六年六月、ここに案内してくれたのは、同大学大学院農学研究院教授にして農業分野におけるロボティクスの第一人者である野口《のぐち》伸《のぼる》氏。披露してくれるのは、複数のロボットトラクターが同時に併走する「協調作業システム」だ。世界初の試みである。

雲一つない青空のもと、野口氏の教え子である中国人留学生がタブレットの専用画面でス

4台が協調して動くロボットトラクター

タートボタンを押すと、二台のトラクターはおもむろに動き始めた。すぐに通常の速度になり、互いに数メートルの間隔を空けながら併走していく。これは内閣府の戦略的イノベーション創造プログラム（SIP）で開発中の「マルチロボットシステム」だ。

左側を走行していたトラクターは先に畦際に達すると停車し、自動で旋回《せんかい》を始めた。その間、右側を走行していたトラクターは、ぶつからないよう少し下がった場所で待機している。やがて左側のトラクターが旋回を終えると、右側のトラクターも、わずかに前進したあとに旋回した。それが終わると、左側のトラクターとともに再びこちらに向かって併走を始める。互いが譲り合いながら走っている様子は、あたかも人が乗っているかのようであった。

二台のトラクターが無人で走行できるのは、二つの機能を搭載しているからだ。その一つは「農業版カーナビ」ともいえる「GPSガイダンス」。もう一つは、このGPSガイダンスで設定したルートに沿ってハンドルを自動で切る「オートステアリング」である。

このうちGPSガイダンスは、トラクターにGPSのアンテナと通信用の無線モジュールなどを取り付ける。これで、ロボット農機がいる位置と方位の情報が把握できるのだ。

そしてオートステアリングは、ハンドリングを自動化するもの。既存のハンドルを取り外し、代わりに取り付ける。これがあれば、オペレーターが運転しなくても、トラクターはGPSガイダンスで設定した走行軌道に沿って自動で走行する。

ただしGPSだけでは、地図上の位置は分かるものの、車体がどの方向を向いているのかまでは認識できない。それに田畑には、ところどころに凸凹《おうとつ》があるので、車体が傾いたときにそれを強制的に補正していかなければならない。

そこで登場するのがIMUセンサーである。これで進行方向と車体の傾きを把握。感知するデータを基に、農機が正常に作動するようハンドルや変速レバーが自動で動き続ける。

走り終わって戻ってきたロボットトラクターの運転席をのぞくと、その周囲には複数の小型カメラを取り付けてあった。遠くから監視している人は、タブレットでその映像を見ることができる。もし映像を見ていて何か気づいたら、同じくタブレット画面をタッチ操作して、緊急停止もできる。

ただし、これだけでは安全を十分に確保できない。走行経路に障害物が存在していたときに監視者が気づかなければ、ロボットトラクターは、そのまま障害物にぶつかってしまうからだ。その相手が人だったら一大事である。

ここでも活躍するのがＩｏＴだ。ロボットトラクターのフロントにはセンサーを取り付けてある。このセンサーは、走行中に前方を探りながら、人や障害物を検知したら、トラクターにブレーキをかけるよう指示する仕組みになっている。

安全確認用のセンサー

すでに北海道岩見沢《いわみざわ》市では、市内全域をカバーするべく、三ヵ所にGPSを補正する基地局を設置している。そこから送られる電波を活用して、四〇〜五〇戸の農家がトラクターを「オートステアリング」で走行させる。

その次は無人走行を導入したいとの意向だ。

ただし、まず安全を考慮して、無人のトラ

クターの少し後方から人が操縦するトラクターが併走する試みも行っている。もし無人のトラクターが暴走したら、その人がタブレットの画面をタッチ操作して緊急停止させられる仕組みだ。

私が披露されたのは二台の協調作業だったが、同年八月には、四台でも成功している。すでに技術は、ほぼ完成した。二〇一八年には協調作業のシステムを完成させ、二〇二〇年には事業化する予定である。

そこで気になるのは価格。もちろんメーカーの意向はあるものの、野口氏本人は「通常のトラクターより一割高いくらいに収めたい」と話している。たったの「一割高」である。

二〇二〇年には完全ロボット化へ

その野口氏は、将来的には、ロボット農機だけが田畑を走る時代を実現するつもりだ。しかも「二〇二〇年までに」というから、もう間もなくの話である。

その時代になれば、人は遠隔地にある基地局の涼しい部屋から、モニター画面でロボット農機の動いている様子を監視することになる。もし異常を発見したら、遠隔地から停車させたり旋回させるなどの操作をする。

こうした仕組みは、すでに実用段階に入った。たとえば私が見たのは、千葉県柏《かしわ》市で二

小型バンを改造した基地局

〇一五年に公開された、小型のバンを改造して基地局にしたもの。運転席の前面にはモニター画面を設置し、その下にはハンドルやブレーキなどが備え付けてある。

運転席に腰を下ろした人がモニター画面を見ながら、ロボット農機に異常を発見したら、ハンドルやブレーキで旋回させたり緊急停車させたりできる。基地局一台で複数の農作業ロボットをコントロールできるので、オペレーターの人数以上の作業をこなせるわけだ。

野口氏が披露してくれたのはトラクターだけだったが、すでにコンバインや田植え機でも、ロボット農機の開発は進んでいる。

そのロボット田植え機は、使い方が変わっている。田植えに向かう前に積み込むのは苗、それから自転車だ。作業者はそれを運転して水田のそばに移動すると、まずは畦に自転車を降ろす。次にロボット田植え機を水田に入れると、機械が自動で走りながら勝手に苗を植えていく。その様子を見届けたら、作業者は自転車で別のロボット田植え機がある場所に移動し、再び苗と自転車を積載して、次の田んぼに移動する。そこで最初の水田でやったのと同じ作業をする。この手順を繰り返す。

ロボット田植え機で使う苗はロングマット。ロングマットというのは、通常の土付き苗一〇枚分を一つなぎにして、巻き取ったもの。細長いじゅうたんのようなものだ。

日本の水田は、一枚当たりの平均面積が三〇アールだが、もし一度に田植えしようとすれば、六枚のロングマットが必要になる。六条用の田植え機ならロールマットを途中で補給しなくて済む。ロボット田植え機を使えば、一台で移植をする場合と比較して、作業時間は二四%も減らせる。

ロボットコンバインに関しては、稲刈りに使う自脱型と大豆用の二種類が開発されている。

まず自脱型については、人が乗って運転しながら水田の外周を三周ほど稲刈りする。このときたどった経路から、その後の無人走行の経路が自動的に割り出される。この段階で人は降車し、ロボットコンバインが無人のまま、どんどん稲刈りしていってくれる。

井関農機のロボット田植え機

刈り取った稲もみを溜めるタンクが一杯になると、畦道で待っている運搬車に近づいていき、その荷台にあるコンテナの上に搬送筒（オーガ）を伸ばして、稲もみを排出する。

一方、大豆用では、穀物集積用のコンテナを搭載した軽トラックを併走させる。ロボットコンバインは、ある程度収穫した段階で、軽トラックのコンテナに大豆を排出する。なぜこんなことができるのかというと、集積用トラックの車内には、オーガを遠隔操作するスマートフォンと、オーガの位置を確認するモニターを装備しているからだ。

ロボットコンバインの走行速度に合わせて、人が集積用トラックを併走させる。運転手はタンクに大豆がある程度溜まったと思ったら、モニターを見ながらスマートフォンを

ロボットコンバイン

操作して、オーガをコンテナの上に回し、画面上で大豆を排出するボタンを押すといった仕組みになっている。

これら三機種のロボット化が完全に実現すれば、コメ、麦、大豆の栽培に関しては、人が操縦する場面がなくなる。

農林水産省は、まずはロボットトラクターについて、二〇二〇年度までに実用化することを明確にしている。ただ、「実用化」の意味がロボットトラクターの開発が完了することなのか、市販化することなのか、それについてははっきりとさせていない。

一連のロボット化の前段として、国内最大手の農機メーカーであるクボタが、二〇一六年九月に世界初となる自動で直進する田植え機を発売した。GPSを搭載したこの田植え機には人が乗り、旋回時は手動で操作しなければならない。ただ、直進する分には完全に機械任せ。価格については、通常の田植え機との差額を五〇万円以下に抑えた。いよいよロボット農機の普及が現実味を帯びてきたわけだ。

加えてクボタは、二〇一七年六月に、試験的にロボットトラクターを販売。二〇一八年には市販化する。

夜の農業革命で規模を何倍にも

こうしたロボット農機の利点で強調したいのは、夜間でも作業ができる点だ。ロボット農機が走行経路をゆだねるのは、あくまでもGPSなど衛星測位システムである。だから、事前に決定した経路を走行することに関しては、野外の明るさは、まったく関係ない。

実際に野口氏がロボット農機を夜間に走らせたところ、設定しておいた走行経路とのズレ幅は、わずか二・九センチだった。腕に自信のあるプロ農家でも一一・五センチなので、いかにロボット農機が正確に作業をこなせるかが分かるというものだ。

ちなみに昼間に実験したところ、走行経路のズレ幅は三・五センチとなり、作業の精度に明るさは関係ないことが立証できた。

夜間でも作業ができるようになれば、現在の雇用人数でも、規模を何倍にも拡大できるようになる。米価が低迷するなかで人件費や機械費を増やしたくない農業経営体にとってみれば、実現すればありがたい話である。

そもそも農村は、往々にして過疎・高齢化の問題を抱え、どこもかしこも慢性的に人手不足である。そういう意味でも、ロボット農機の実現は願ったりかなったりなのだ。

ただ、ロボット農機を最大限に活用するうえで問題になっていることもある。一つは事故が起きたときの対処のあり方。たとえばロボット農機が走行中、作業場所として指定していたエリア外に暴走して、人を轢《ひ》いたりモノを壊したりする恐れがある。自動設定した経路から逸《そ》れて、ロボット農機が互いに衝突することもあるだろう。

そこで農林水産省は、二〇一七年三月末までに、ロボット農機に関する安全確保のガイドラインを策定。このなかで、安全確保の基本的な考え方や、メーカーあるいは使用者といった関係者の役割を明確にする。

コメで政府が招いた悲劇的な結果

「農業版インダストリー4・0」がもたらすことは、単に生産力を強めることだけではない。日本農業が衰退する要因となっていた保護政策をも打ち砕く力を秘めているのではないか。

第二章で触れたように、一九七〇年に減反政策が始まってから今日に至るまでに、日本のコメは劣等生になってしまった。生産費が高すぎて、とても輸出には回せない。だから通商上も保護政策が取られてきた。

その最たるものは一九九三年に合意したＧＡＴＴウルグアイ・ラウンドであり、あるいは環太平洋パートナーシップ協定（ＴＰＰ）。すなわち、いずれの通商交渉においてもコメは例外扱いされてきたのだ。これが結果的に、水田農業の構造調整を遅らせてきた。

どういうことかといえば、日本は一九九三年のウルグアイ・ラウンドの最終合意で、ＪＡグループや農林族議員からの反発が強かったため、コメについては関税化を拒絶した。その代わりに飲まされたのが、高い水準のミニマムアクセス米（＝ＭＡ米）である。ＭＡというのは最低輸入義務量のこと。あらゆる貿易品目も最低限の輸入機会を与えるべきだという考え方から始まった仕組みである。

ウルグアイ・ラウンド交渉の結果、日本はＭＡ米について、国内消費量に対して初年度の四％から六年目の八％まで、毎年〇・八％ずつ増やすということで受け入れた。この特例措置により、初年度の一九九五年に四二・六万トンだったＭＡ米は、毎年八・五万トンずつ積み重なっていった。

だが、国内でコメの消費量が減るなか、毎年増え続けるＭＡ米を販売するのが段々と難しくなってくる。そこで日本政府は、一九九九年四月、ウルグアイ・ラウンドで拒絶したはずのコメの関税化に踏み切る。この結果、六年目の二〇〇〇年から八五・二万トン輸入しなければいけなかったMA米は、七六・七万トンで抑えられた。これは国内消費量の七・二％である。

こうして、なんとか上限の八％に達することは避けられた。だが、もし当初から関税化していれば、「原則」の五％である五三万トンで済んでいたのだ。日本政府はまったく中途半端な選択肢を取り、コメにとって悲劇的な結果を招いてしまったのである。

これがウルグアイ・ラウンドの教訓だ。そうであればTPPでは、当然これを活かさなければならなかった。だが日本政府は、このときの愚行をTPP交渉でも繰り返してしまった……二〇一五年一〇月に妥結したTPP交渉で、MA米について、米国と豪州にそれぞれ七万トンと〇・八四万トンの特別枠を新設したのだ。

日本政府は、関税を削減するか撤廃すればよかったものを、あえてMA米の増枠という道を選んだ。これまた、国内のコメ農家を保護するため、というのが名目である。

現在まで、MA米が主食用に回ることはほとんどない。酒や菓子向けの加工用や、家畜向けの飼料用、国際援助用となっているからだ。そして、いったいどれだけの財政予算が投じられているかといえば、二〇一五年末までで三一〇〇億円である——。

米価を高めるための農水省の愚策

こうした愚行を正当化するため、政府は国民に向けて、「日本に最も多いコメ農家を守るため」といった大義を掲げてきた。ただ、コメ農家の多くは兼業農家である。彼らは農業所得に依存しなくても生活していける。

先にも述べたが、それは次のような理由からだ。準主業農家（農外所得が主で、一年間に六〇日以上自営農業に従事している六五歳未満の世帯員がいる農家）と副業的農家（一年間に六〇日以上自営農業に従事している六五歳未満の世帯員がいない農家）の農家総所得に占める農業所得の割合は、実は一割にも満たない。残る九割以上は農外所得や年金収入などである。

では、兼業農家が農業をやめれば所得が一割程度減るかといえば、必ずしもそんなことはない。農地を貸し出せば、地代収入が入ってくるからだ。

それなのに政府は、こうした零細な農家を保護するために米価を上向かせるべく、二〇一五年度から、またもや減反政策を強化した。農林水産省は都道府県に配分する「生産数量目標」について、二〇一六年産では、前年産より八万トン少ない七四三万トンにすることにしたのだ。これは需要の見通しである七六二万トンよりも少ない。

農林水産省によると、生産数量目標を達成した場合、民間在庫量は二〇一六年六月末に二〇七万トン、二〇一七年六月末に一八八万トンになると見込む。一八八万トンとは、米価が高騰した二〇一二～一三年と同じ水準である。つまり、需給を逼迫《ひっぱく》させることで、米価を再び上向かせようとしているのだ。

一反一〇万円以上の交付金の対象

農林水産省がそのための秘策として出してきたのが、飼料用米の増産である。

飼料用米とは、家畜の餌としてトウモロコシの代わりに使うコメを指す。通称「餌米《えさまい》」と呼ばれているこのコメを作れば、農家に対して一〇アール、すなわち一反当たり最大一〇万五〇〇〇円の交付金を支払うことにしているのだ。

対して、人間が炊《た》いて食べる主食用米には、たったの七五〇〇円、飼料用米の一四分の一である……農家にとってみれば、販売価格は主食用米のほうが高いわけだが、交付金を含めた総収入は、飼料用米のほうが上である。これでは農家が飼料用米になびくのもやむなしである。

この飼料用米政策は、民主党政権時代の二〇一〇年に始まったものだが、政権復帰してからの自民党も、これを継続させている。おまけに、二〇一五年からは増産キャンペーンを張り、農林水産省の幹部職員が減反に協力しない県を巡回しては、飼料用米を生産するよう説得に当たっている。

二〇一六年に至っては、さらに露骨だ。増産キャンペーンを続けているのはもちろんのこと、さらにカネにものをいわせて、飼料用米政策に従わせようとしている。というのは、飼料用米を増産するなどの減反政策に協力しない県には、産地交付金を減額することをちらつかせたのだ。

産地交付金とは、地域で振興する作物の生産に対して農家に直接支払うもの。都道府県、それから市町村やJA単位で作る地域農業再生協議会は毎年、それぞれの地域の水田でどのような作物を振興するかを描いた「水田フル活用ビジョン」を農林水産省に届け出る。農林水産省はそのビジョンの中身を精査し、その結果に応じ、産地交付金の額を決定する。

この産地交付金は、二〇一五年まで一括で支払ってきた。それが二〇一六年産では、八割を前払いし、残りの二割は実績に応じて支払うかどうかを決めることに方針転換したのだ。前払い分は四月、二回目は一〇月末に予定し、初回は総額の八割と決まっていた。

問題なのは、二回目の支払いである。こちらは支払額がゼロの可能性もあれば、二割を超える可能性もあるという。算定は「地域ごとの実績に応じて考慮する」とのことだ。

そう、要は、飼料用米を増産するなどして県に配分された生産数量目標を達成しなければ、二回目の支払いはゼロにするか減額にする、というわけである。暗黙の脅しに動じたある県は、二〇一六年の早い段階で、飼料用米を増産する農家に対して緊急的に独自の助成金を設けた。こうして「最悪の事態」を避ける対応を強いられたのだ。

コメ保護に毎年一兆円負担の国民

このような減反政策によって不利益をこうむるのは、本気で農業をしたい専業農家である。専業農家にとってみれば、零細な農家が滞留すれば、農地が集まってこない。規模を広げたり集めたりすることができないのである。

加えて、減反政策によって高米価が維持されるので、それと連動して資材価格はおのずと高止まりしている。

同じく不利益をこうむるのは消費者だ。減反政策は、始まった当初から現在に至るまで、消費者に二重の負担を強いている。

一つは減反関連の補助金が毎年四〇〇〇億円も支出されていること。そして、需給を均衡させて米価を高値に維持することで、減反を廃止した場合と比べ、消費者のコメに対する支出が六〇〇〇億円余計にかかること。毎年、合計一兆円である……。

減反政策が始まった一九七〇年から現在に至るまでに注ぎ込んだ税金は、実に八兆円を超える！

それで日本の水田農業が強くなるなら、まだ評価する余地はあるのかもしれないが、まったく逆の結果を招いてきたことは、すでに見てきた通りである。

世界に伍する日本のコメの農法

では、日本のコメはそれほど国際競争力がないのかといえば、そんなことはない。これまではそうだったかもしれないが、変わる兆しが見えてきたのだ。

それは二〇一四年のこと。この年、国産米の価格が大暴落して、一俵当たり一万円を割り込んだ。その結果、国産がカリフォルニア産より安くなったのだ。

この年は、生産費が七〇〇〇円でないと黒字にならなかったが、現状の平均は一万六〇〇〇円なので、かなり開きがある。だが、そもそも一万六〇〇〇円というのは、兼業農家を含めた数値である。専業農家は一万円、あるいはそれ以下で作っている。

加えて、生産費を七〇〇〇円以下に下げられないかといえば、決してそんなことはない。IoTがなくとも、七〇〇〇円くらいまでコストを下げる技術は出そろっている。

たとえば乾田直播《かんでんじかまき》。この技術は、まさに乾いたままの田んぼに種もみを直接まくのが特徴だ。日本で一般的な水を張った田んぼに苗を植える農法とは違っている。

この農法は田に種を直播するので、苗を育てる手間が不要。田植えをしないので、代《しろ》かきもしなくていい。代かきというのは、水を張った田んぼの表面をならすこと。苗がむらなく生育するようにするための作業である。

農水省の「農業経営統計調査」によれば、作付け規模別の労働時間を見たとき、特に育《いく》苗《びょう》にかかる時間は、作付面積が拡大すると増える傾向にある。コメの生産費のうち労働費は約三〇・五％なので、育苗や代かきの省力化は、コスト削減には重要だ。

では、乾田直播でどれだけ生産費や労働時間を削減できるのか——農研機構東北農業研究センターは、岩手県花巻《はなまき》市の盛川農場での乾田直播で、次のような調査結果を得ている。

——一俵当たりの生産費を試算すると、六五〇〇〜八四〇〇円。東北地方の平均と比べて五四〜六九％となった。ちなみに全国平均は一万六〇〇〇円なので、その半分以下で作れるわけである。また労働時間は一〇アール当たり四・八〜六・四時間。こちらも全国平均は二四時間であるため、その四分の一か五分の一と少ない。

ハイブリッドライスで収量アップ

コストを低減するには、ハイブリッドライスもある。ハイブリッドとは、異質なもの同士を掛け合わせてできたものだ。ここで紹介したいのは、収量の多い品種である。

ハイブリッドライスで最も普及しているのは、三井化学（現三井化学アグロ）が育成した晩生《ばんせい》の「みつひかり」だ。収量は一般の品種の一・三〜一・五倍と高い。この品種は全国三八県、約一五〇〇ヘクタール（二〇一五年産）で作られている。これは、国内では初めて商業ベースに乗ったハイブリッドライスである。

さらに二〇一五年には、総合商社である豊田通商が「しきゆたか」を発表した。こちらも収量は一般の品種の一・三〜一・五倍と高い。ハイブリッドライスだと、これぐらいの収量は普通である。

あわせて注目したいのは、熟期について早生《わせ》と晩生をとりそろえていることだ。これら二つの熟期を持つ「しきゆたか」を使えば、一戸の農家として見れば作付け時期を広げられるし、全国的に見れば広い範囲で作れる、ということになる。しかも、この品種の育成者で、豊田通商が出資する企業である水稲生産技術研究所社長の地主建志《じぬしけんじ》氏によれば、苗立ちはほかの品種よりも優れており、乾田直播にも適しているという。

すでに述べたように、収量の多い品種の開発はタブーだった。だが米価が低迷するなかで、二〇一二年末に再び自民党政権になってから、コスト低減の必要性が叫ばれるようになった。アベノミクス第三の矢「日本再興戦略」では、向こう一〇年でコメの生産費について「四割削減」することを目標に掲げている。現状は一俵当たり一万六〇〇〇円なので、四割削減といえば、一万円を切る計算だ。

業種を問わず、個人の経営者が突然に四割削減を突きつけられても、とても受け入れられないだろう。ただ、生産費の全国平均が一万六〇〇〇〇円というのは、あくまで圧倒的多数を占める、年間の販売金額二〇〇万円以下の零細農家を含めての数字である。すでに述べてきたように、稲作農家の大半は農外所得や年金に頼っており、経営感覚がなく、「ざる勘定」でコメを作っている人たちだ。

乾田直播やハイブリッドライスを導入している農業経営者は全国に存在する。彼らは四割削減どころか、すでにさらに少ない生産費でコメ作りをしている。

東京大学大学院農学生命科学研究科の本間正義《ほんままさよし》教授（農業・資源経済学専攻）が研究主幹を務めた「21世紀政策研究所」の農業担当チームによる調査研究は、どう見ているか。ここでは公表済みの調査データを基にして、分散錯圃《ぶんさんさくほ》（農地が点在している様子）がない状態では、最先端の技術を投入した場合の生産費を「フロンティア費用関数」として計測した。すると、作付面積が一五ヘクタールを超えた農業経営体は、一俵当たり六〇〇〇円以下で作っていることが判明した。

そう、二〇一四年産のような安い米価でも乗り切れるだけの生産力を持った農家は、すでに存在しているわけだ。

「品種改良の革命」とは何か

ここまでハイブリッドライスを取り上げてきたが、この分野は急速に成長する可能性が高い。先述の地主氏は、以下のように述べている。

「新品種である以上、良食味で多収なのは当たり前になっています。今後は収量の安定化を狙いたい。多収性品種は、当たり年と外《はず》れ年がある。天候の影響で、取れたり取れなかったりする。その課題をDNAマーカー（ある特定の遺伝形質に対応し、その目印となるDNA配列）育種で解決したい。勝算ですか？　もちろんありますよ」

地主氏が強気に話すのにはわけがある。農研機構が二〇一六年四月の組織改編に伴い、DNAマーカー育種について、民間とのタイアップを進めることになったからだ。

事前にこの情報を入手していた地主氏は、DNAマーカーを駆使すればマーケットニーズに応じた育種を飛躍的に進めることができると見ている。多収かつ良食味でありながら、いもち病に強いなどといった多芸の品種が登場してくる日は、近いのかもしれない。

またハイブリッドライスについては、IoTとDNA解析を駆使した最新の育種技術を融合させることで、飛躍的な発展を遂げることも期待できる。

「品種改良はこれから面白くなる」――こう予測するのは、東京大学大学院農学生命科学研究科の岩田洋佳《いわたひろよし》准教授（生産・環境生物学専攻）。

岩田氏が熱心に研究しているのは「ゲノミックセレクション」という育種技術だ。

この技術では、まずは植物が無数に持っているDNA配列のなかから、収量や食味などにおいて優れた配列を特定しておく。品種改良する際には、交配した段階で、そのDNA配列が入っているかどうかを確認する。こうして、より効率的に育種をするのだ。

従来の育種方法では、交配したあと実際に田畑で栽培試験をしてみないと、多収や良食味など狙った特性が組み込まれているかどうかが分からなかった。ゲノミックセレクションならば短期間に何度も交配できるので、品種改良が加速する。まさに「品種改良の革命」が到来しようとしているのだ。

岩田准教授は、すでにソバの育種で、その成果を上げている。三年間で選抜を六回繰り返し、収量については、元の種から四〇%高いものを育種することができた。この場合は元の種自体が収量の低いものだったのだが、一般に普及している品種でも、一〇〜二〇%程度は上がるという。

この育種技術を高めるには、なるべく多くのデータの収集と解析が不可欠である。というのも、たとえばゲノミックセレクションで多収性を実現した稲の種が、実際にはそれほど収量が上がらないという事態も起きうる。その場合、乾燥や病気などが要因として考えられるのだが、その要因を特定するためには、本章で紹介した水田センサーなどを使って様々なデータを収集しておくことが大切だ。

こうしたデータと稲の生育に関するデータを照らし合わせることで、なぜ収量が減ったのかを特定することができる。そして、乾燥が原因であったのなら、乾燥に強いＤＮＡ配列を見つけ出し、その種に組み込むよう交配を繰り返すことになる。ＩｏＴ時代は、まさにこの育種技術が普及するチャンスなのだ。

トヨタ式で労務費二五％減

日々の作業のなかにもコストダウンの余地は多分に残されている。トヨタ自動車が開発した農業経営の管理ツール「豊作計画」は、そのことを証明している。愛知県弥富《やとみ》市で水田一三〇ヘクタールを経営する鍋八《なべはち》農産は「豊作計画」とトヨタ式の「カイゼン」を導入することで、労務費を二五％、資材費を五％減らした。

このツールの特徴は、一つ一つの農作業を工程として分解したこと。種まきや田植えなどに要する平均的な作業時間を「標準時間」として設定し、それぞれの作業を組み立てていけば、その日の、あるいはそのシーズンの作業が、いつ終わるかの見通しが立つ。

作業の統括責任者は、この「標準時間」を基にして従業員に作業を割り振る。従業員はスマートフォンを見れば、その日、どこで、どんな作業をすればいいかが常に把握できる。地図上で現在地と作業現場を確認できるので、誤って他人の農地で田植えや収穫をすることを防げるのだ。

従業員は田に入る前と出た後には毎回、スマートフォンで作業の開始と終了の入力をする。そのデータはクラウド上に管理されるので、誰が、どこで、どんな作業をしているかについての情報が共有される。だから、もし近くの農地で作業の遅れが発生していれば、従業員は応援に駆けつけることができる。

結果的に従業員一人ひとりの実績が見え、作業能率を上げるためのアドバイスがしやすくなる。加えて田に投じた肥料の種類や量に加え、収穫量も入力するため、どの肥料が効果的なのかも見えてくる。

鍋八農産はこの「豊作計画」に加え、トヨタ式「カイゼン」も導入した。同社の敷地内を歩いていると、「玄米工場」「低温倉庫1」「低温倉庫2」「休憩所」などといった看板があちこちに貼ってある。

同社の経営面積は広がる一方だ。それに伴い雇用を増やしている。入社したばかりの新人にすれば、どこに何があるかが分からない。そうした新人にとって看板が目印になるわけだ。

さらに敷地内を歩いていると、「空パレット置場」「プラスチック置場」「修理機材置場」といった看板も目につく。これらは物の置場を示したもの。そうした看板がある地面には白いペンキで枠を囲ってあり、そこに空パレットやプラスチックが整然と置かれている。看板や白線が従業員に整理整頓の意識をもたらすのだ。

こうした何気ない「カイゼン」の積み重ねが作業効率を高め、既述したコストダウンを生んでいる。弱体化してきた日本のコメだが、以上の話から、大転換期が訪れていることが分かると思う。

和食ブームで輸出のチャンス到来

そうなると、輸出の可能性は大いに高まる。とりわけ近年、世界におけるコメ取引量が増えているのは追い風だ。

なかでも日本で生産されているジャポニカ米は、日本食レストランの普及とともに、その需要も高まってきている。農林水産省の調査によると、世界における日本食レストランの店舗数は、二〇一五年七月時点で八万九〇〇〇店となった。これは二〇一三年一月時点の一・六倍に当たる。アジアでも同様で、二〇一五年七月時点で四万五三〇〇店となり、これは二〇一三年一月時点の一・七倍と急増している。

では、なぜ日本食の人気が高まっているのか。その理由には、世界的に日本食がヘルシーな食事として認知されてきていることがある。加えて「和食」がユネスコ無形文化遺産に登録されたことも少なからず影響している。さらにコメ業界の関係者なら知っておきたいこととしては、日本食に欠かせないコメそのものが、昔よりもうまくなったことが挙げられるのだ。

日本人にとってみれば意外かもしれないが、実は日本産米は、これまで海外での評価は芳《かんば》しくなかった。国内の農家は一様に、「日本産米こそ世界一おいしい」と思っているが、これは正しい認識ではない。

海外の評価が低かったのは、日本で精米してから現地で消費されるまでに時間が経ってしまっていたためである。コメは生鮮食品である以上、時間とともに品質が悪くなるのは当然のことだ。

ただ、最近になってこの問題も解消されるようになった。国内最大手の農機メーカーであるクボタが、海外で精米するようになったからだ。これまで香港、シンガポール、モンゴルに子会社を設立し、日本の企業としては初めて、現地で精米する事業に乗り出している。子会社では、日本から届いた玄米を低温で貯蔵し、現地の日本食レストランやスーパーからの注文に応じて精米している。だから、鮮度の良さにかけてはいうことがない。

この事業に真っ先に参加したのが、クボタのディーラーとして新潟市に拠点を置く新潟クボタ。同社は二〇一一年から香港、さらにシンガポールとモンゴルにも、日本産米を届けている。輸出実績は二〇一二年に五五トンだったのが、二〇一五年には六五二トンに達した。二〇一六年の目標は一四七五トンである。

吉田至夫《よしだのりお》社長が抱えるのは、日本のコメに対する切迫した危機感だ。国内人口が減るなか、コメの消費はますます減っていくのは必至。吉田氏は、こう語気を強める。

「だったら外に向かうしかない。狙うべきはアジア。日本経済全体がアジアの需要を取り込まない限り成長はない」

輸出のチャンスは広がっている。ＩｏＴの後押しを受けて、日本のコメは、いま黎明期《れいめいき》を迎えつつあるといえるだろう。

第三章　大変革する食生活と国土

GDP六〇〇兆円の牽引役

世界的に話題になっているロボットとAIは、農業を、そして日本人の生活と日本の国土をいかに変えるのか――本章では、それについて述べてみたい。

AIの得意分野はデータを仕分けたり、そのデータからある種のパターンを見つけ出して将来を予測したりすること。そうなると、IoTでデータの量が急増すれば、いきおいAIが活躍する場もまた一気に広がっていく。

では、そのAIがロボットと融合すると、農業、さらには日本の食生活や国土にどのような恩恵がもたらされるのか。食生活についていえば、我々は、より自分たちにとって価値のある食材を手にすることができる。それはたとえば栄養価や機能性に優れているという観点からだ。しかもウェアラブル端末で自分の健康状態を把握しながら、それに合わせて、まさに身体が求める成分を持つ食材を届けてもらえる時代が迫っている。

それから農業用ロボット。田植え機、トラクター、コンバインといったものについてはすでに伝えてきたが、それ以外のロボットはどのようなものが開発されているのか。「空飛ぶロボット」といわれているドローンとともに最前線をレポートする。

「成長戦略第二ステージの鍵は第四次産業革命の実現であります」――安倍晋三首相は、二〇一六年五月一九日に開いた産業競争力会議で、そう語った。同日の会合ではＩｏＴやロボット、そしてＡＩを柱とする新たな成長戦略の素案をまとめ、二〇二〇年に三〇兆円の新市場を創出することを発表。官民一体となって取り組むことで、ＧＤＰ六〇〇兆円を達成する牽引役にする姿勢を明確にした。

安倍首相のあせりには理由がある。欧米諸国が、これらの分野の研究開発と産業化を、急速に進めているからだ。

ＡＩについていえば、世界をリードするのは米国。巻き返しを狙う日本政府は、二〇一六年四月、ＡＩの研究開発と産業化を加速させるべく、その司令塔となる「人工知能技術戦略会議」を発足させた。この分野の成長を妨げてきた縦割りを廃するため、経済産業省、文部科学省、総務省が連携して課題解決に当たることになった。

日本ロボットの世界シェアは五割

一方、ロボットについて、日本は一九八〇年代から世界のトップランナーであり続けてきた。製造現場に入り込んできたロボットは自動車や電機、電子といった産業の成長に大きく貢献している。いまや日本は、産業用ロボットの出荷額で六八〇〇億円（二〇一五年実績）と、世界シェアの約五割を握っている。稼働台数のシェアで見ても、世界の二割（二〇一四年）を占めている。世界一のロボット大国なのだ。

だが、うかうかはしていられない。世界中で、その覇権争いが起きている。たとえば米国政府は、二〇一一年に「国家ロボットイニシアティブ」を発表し、ＡＩや音声認識の分野を中心としたロボットの基礎研究に毎年数千万ドル規模の支援をすることを打ち出した。

一方、日本政府は、二〇一五年一月に「ロボット新戦略」を公表。①ロボット創出力の抜本強化②ロボットの活用・普及（ロボットショーケース化）③世界を見据えたロボット革命の展開・発展──という三つの柱を掲げた。同年五月には、その推進母体となる「ロボット革命イニシアティブ協議会」を産学官連携で組織している。

こうした背景から、国内では農業に関しても、ロボットとＡＩの開発が急速に進む。

自民党農林部会長の小泉進次郎氏が委員長を務める同党農林水産業骨太方針策定ＰＴ（プロジェクトチーム）は、二〇一六年五月にまとめた「論点整理を踏まえた緊急提言」において、ＩｏＴやＡＩに加えてロボットの開発も支援する「人工知能未来農業創造プロジェクト（仮称）」を立ち上げることを明記した。これを受けて農林水産省は、二〇一七年度に、ＩｏＴやＡＩに加えてロボットの開発も支援する方針を固めている。

携帯やパソコンに近づくロボット

農業の成長産業化にとって、その行方が注目されるロボットとＡＩ――人にたとえれば、ＡＩは頭であり、ロボットは身体である。これに関しては、もう少し説明が必要だろう。

まずロボットというと何を想像するだろうか。映画が好きな人であれば、『スター・ウォーズ』に登場するＣ－３ＰＯ、あるいは『ターミネーター』でアーノルド・シュワルツェネッガー演じるＴ－８００、あるいはアニメに興味があるなら鉄腕アトムや鉄人28号、ガンダムなどだろうか。いずれも共通しているのは、ロボットが人型ということだ。

ただ本章で取り上げたいロボットは、これらとは違って形にはこだわらない。肝心《かんじん》なのは、「自律的に作業をする機械」という点だ。「自動」ではなく「自律」ということに注目してもらいたい。

両者の言葉の違いを説明する。自動というのは、人間がコンピュータにあらかじめ入力した経路に沿ってモノが動く、という意味だ。対して自律とは、そうした経路を事前に設定せずともモノが自ら学習して行動する、ということだ。

政府は、少子高齢化のなかで人手不足を解消し、生産性を上げるため、「ロボット革命」を興そうとしている。先の「ロボット新戦略」にそのロードマップが示されている。「ロボット革命」における三つの方向性のうちの一つが、まさにこの「自律化」。そのほかの二つは「情報端末化」「ネットワーク化」である。

まず情報端末化というのは、ロボットが自らデータを蓄積すると同時に活用することで、新たなサービスなどの付加価値を提供できる源泉になるということ。これまでは、事前にインプットしたデータで制御されるしかなかった。そういう意味でロボットは、携帯電話やパソコンと同じ機能を持つようになる。

次にネットワーク化。これは、ロボットが単体で動くのではなく、複数が連携しながら仕事をこなしていくことを指す。第二章でレポートした、北海道大学の野口伸教授が開発中のトラクターが、複数台で協調して野外の田畑を走行する、これなどがその一例である。

まさしくあらゆるモノとモノがつながるＩｏＴの世界で、ロボットも劇的に変わろうとしている。のちほど紹介するように、こうした「ロボット革命」に関する三つの方向性は、ＡＩと結び付くことでさらに進展する。

ディープラーニング後のロボット

最近になってＡＩが注目されてきた理由は、ディープラーニング（深層学習）が登場したということに尽きる。「グーグルの猫」をご存知だろうか？

米グーグルは、二〇一二年、次のような発表をした。コンピュータに、「これが猫だ」とは教えずに、一〇〇〇万枚もの猫の画像を見せたところ、このコンピュータは、猫の特徴を認識することに成功したという。その学習方法こそがディープラーニングと呼ばれている。

このディープラーニングとは、機械学習の一種である。では機械学習とは何かといえば、AIのプログラムが自ら学んでいくシステムのこと。それまでのAIは、人間が事前に知識を教え込み、それを引き出すことはできた。が、事前に入力した知識以上のものを引き出すことはできなかった。

では、機械学習によって何ができるのか。そもそも学習とは何か。国内におけるAIの第一人者、東京大学大学院工学系研究科の松尾《まつお》豊《ゆたか》特任准教授が、二〇一六年六月に東京ビッグサイトで開催されたパネルディスカッション「農林水産業における人工知能（AI）利活用の可能性について」に登壇するというので、私も傍聴した。進行役は自民党農林部会長の小泉進次郎氏だ。

最も印象的だったのは、松尾特任准教授が次の展望を抱いていることだった。

「ディープラーニングが最も適合できそうなのが農業なんですね。というのも、農業はすべて認識しないと作業ができない。だから機械化できず、人手がかかっている。栽培管理や収穫、出荷、これらに人手がかかっている。でもディープラーニングで、こういうことが自動化できていくようになる」

農業分野でも、作業の負担を減らすため、これまでにも様々なロボットが生み出されてきた。とりわけホットなのは、イチゴやトマトを摘《つ》み取る収穫用ロボットだ。

　産業用ロボットを製造するスキューズ（京都市）など、いくつかのメーカーが開発している収穫用ロボットには、いずれも人間の目と腕と足に当たる部分がある。目はカメラ、腕は伸び縮みするアーム、足はタイヤやクローラー（無限軌道）。

　収穫ロボットには、熟《う》れごろを迎えたイチゴやトマトの色味に関するパターンを事前に覚えさせ、それを見つけたらアームが摘み取るようにプログラミングしておく。それを学んだロボットは、ハウス内をゆっくりと移動し、カメラで撮影しながら、事前に入力した色味に合致する果実を見つけるたびに、収穫するようになる。

　ただ、あらゆるパターンを覚えさせるのは不可能である。先のスキューズによると、とりわけ果実が日差しに照らされて白い光沢を帯びた場合には、見分けにくくなる。葉の向こうにあって、隠れたようになっている果実も同様だそうだ。結果的に収穫用ロボットは、現在に至るまで、満足のいく成果を得られていない。

　しかし、こうした壁を飛び越えるのがディープラーニングなのだ。先のパネルディスカッションで、松尾特任准教授は力強くこう語った。

「いまの収穫ロボットはすべてディープラーニング革命以前に誕生したものばかり。これに習熟する機能が入ると、驚くほど性能が上がるだろう。人手不足の日本は、いままさに自動

トマトの収穫ロボット

化を進めるチャンスを迎えています」

松尾特任准教授によれば、ディープラーニングは「認識」「運動」「言語」において、AIを人間に近づけていく。しかも、ディープラーニングが注目されるようになってからわずか三年の二〇一五年には「認識」の能力において、人間を超えることができた。

さらに学習を重ねれば、不ぞろいになっているサクランボのようなものを摘み取ることさえできるようになるという。

改めて、すごい世界が到来することを強く感じたパネルディスカッションであった。「改めて」というのは、実はこの少し前、私はたまたまディープラーニングの洗礼を受けていたからだ。

それは一つの衝撃であった。IoTにAIとロボットが融合することについては、実態を見ていないためか、それまではどこかぼんやりとしたところがあった。ところがこの洗礼によって、IoT、AI、ロボットの融合が、農業の生産性向上だけでなく、地方創生にもたらす意味の大きさを深く理解することになったのだ。

世界初の農業専用ドローン

佐賀県と佐賀大学、ITベンチャーのオプティムの三者が、二〇一六年六月に東京都内で開いたIT農業の記者発表会は、集まったテレビや新聞の記者たちを一様に驚かせた。農業を取材して一〇年以上になる私も、「農業のテクノロジーは、ついにここまで来たか」と感銘を受けた。

三者から成る研究チームは、前年から佐賀県を「世界No.1農業ビッグデータ地域（＝自治体）」にすべく、試験研究を重ねてきた。この日、その成果として披露したのが、世界で初めて夜間の害虫駆除に成功した農業専用ドローン、その名も「アグリドローン」だ。

何がすごいといって、このドローンは世界で初めてディープラーニングと融合した農業ロボットであることだ。すなわち、ディープラーニングを活用して、飛行中に害虫の居場所を特定し、農薬をピンポイントでまけるようにまでなっている。

アグリドローン

そのほかにも、害虫を退治するために誘蛾《ゆうが》灯《とう》をつり下げられるほか、農作物の撮影をしたり、電波の基地局となったりと、その機能は多岐にわたる。

一連の役割をこなすために搭載している装備は、一台で近赤外線カメラとサーモカメラとしての役割を果たすマルチスペクトル撮影機、さらに農薬の貯蔵タンクと散布ノズルなどだ。

「最も効率の良いドローンを追究した結果、一機で何役もこなせるドローンを開発しました。世界初の機能がいくつも搭載されています」

佐賀大学農学部出身者であるオプティムの菅谷《すがや》俊二《しゅんじ》社長は、集まった記者らを前に、自信に満ちあふれた様子でアピールした。

害虫の所在を特定するドローン

では、どうやって使うのか。記者発表会で説明があったものの、実際に飛行しているのを見学するため、私は佐賀大学に向かった。ＪＲ佐賀駅から車で五分ほどの市街地にあり、農場を有している。

学内で対応に当たってくれたのは、農学部長の渡邉啓一《わたなべけいいち》教授と同大理工学部出身でオプティム九州エリアマネージャーの長沼俊介《ながぬましゅんすけ》氏。あいにく手違いがあって、この日は操縦士が立ち会えず、アグリドローンを飛ばすことはかなわなかった。これは非常に悔しかったが、代わりに長沼氏が、パソコンを開いて、アグリドローンの使い方を見せてくれた。

そこに映ったのは、大豆畑の上空を飛ぶアグリドローンがマルチスペクトル撮影機で撮った動画。マルチスペクトルカメラでたくさん繁茂《はんも》している大豆の葉をどんどん検知していきながら、大豆にとって厄介《やっかい》な害虫であるハスモンヨトウという蛾の幼虫を探している様子が映っていた。デジタルカメラが映った顔を認識する機能と同じだ。

数えきれないほどの緑色の四角い枠が画面上の葉を次々と捉えていき、そこにハスモンヨトウの幼虫がくっついているかどうかを検知している。

やがてアグリドローンが直進飛行を止めた。どうやらハスモンヨトウの幼虫を見つけたよ

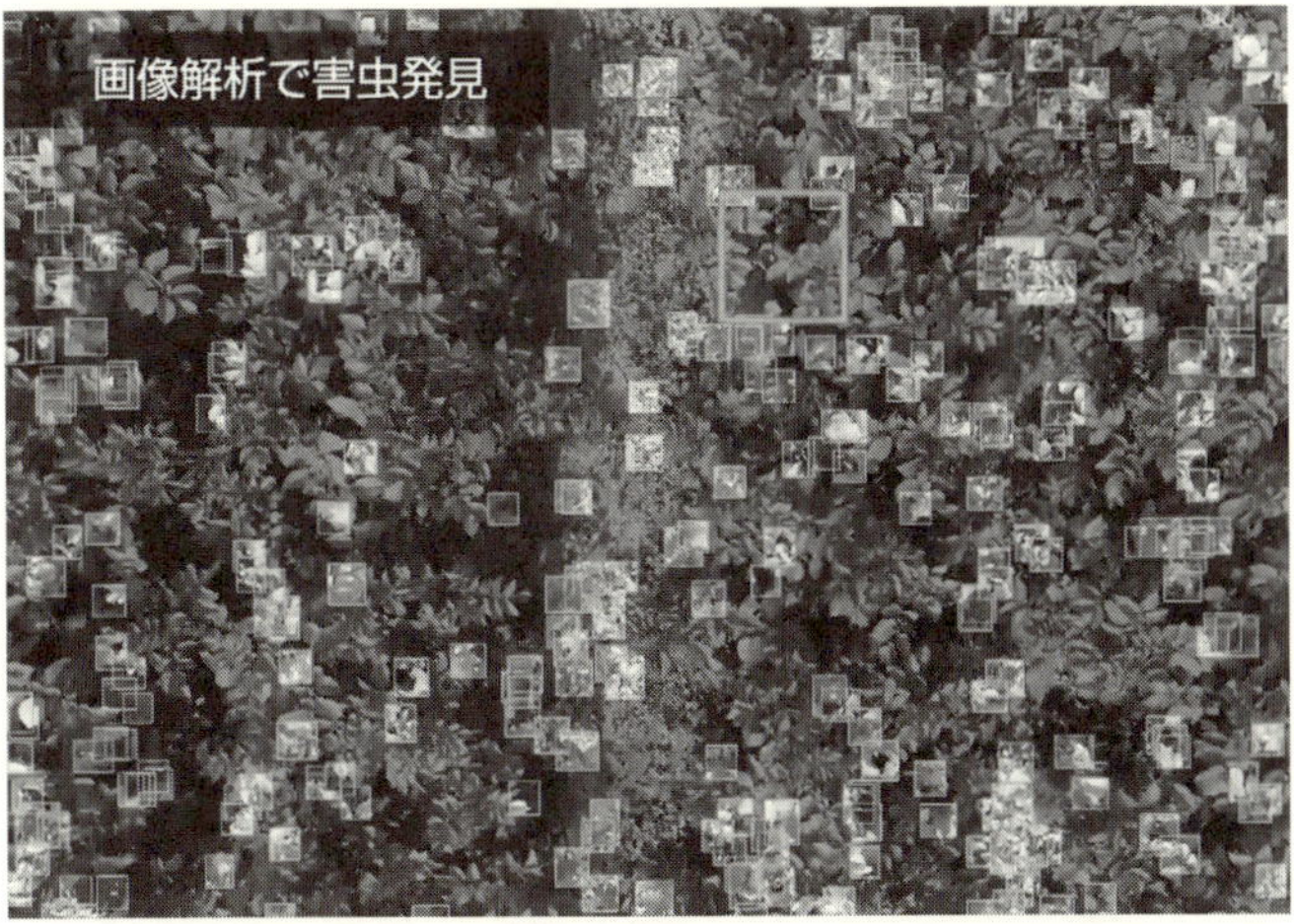

ハスモンヨトウの幼虫を検知するための画像解析

うだ。思った通りで、そのまま大豆の葉の近くまで下降し、付近の葉にピンポイントで殺虫剤を発射していった。殺虫剤は時間が経過するにつれて葉に浸透し、それを食べるハスモンヨトウの幼虫を退治することになる。

一連の飛行や散布は、人の操縦によるものではない。アグリドローンが自動で飛行しながら仕事をこなしている。

現状、大豆の害虫を駆除するには、畑全面に農薬を散布している。害虫は畑に点在しているので、必要のない箇所にもまいてしまっている。その分の経費や時間は無駄であるものの、害虫の所在が特定できない以上、仕方がない。

対してアグリドローンなら、ピンポイントで散布できるので、その分だけ殺虫剤を減らせるのがすごい。

では、なぜ害虫のいるところを特定できるのか。ここがアグリドローンが記者発表会で人々を驚かせたところだ。

農業初のディープラーニングとは

アグリドローンでは、害虫を特定するのにＲＧＢ解析とＡＩを活用している。まずＲＧＢとは、Ｒｅｄ、Ｇｒｅｅｎ、Ｂｌｕｅの頭文字を取ったもの。赤、緑、青という色の三原色の配合割合で、モノやその状態を解析できる。

害虫のハスモンヨトウの幼虫は日中、葉の裏に隠れているので、上空からは検知できない。ただし、大豆の葉はハスモンヨトウの幼虫に食べられるに従って、だんだんと色が薄くなってくる。その過程で移り変わる三原色の配合の様々なパターンをコンピュータに覚え込ませるのが、まさにＡＩの役割である。

佐賀大学の渡邉教授によれば、農業分野でこのディープラーニングを初めて導入したのが、アグリドローンなのだ。そういう意味では、アグリドローンの登場は、農業界において記念碑的な出来事である。これからセンサーやデバイスで収集するビッグデータの処理をＡＩが引き受けてくれることになれば、我々の想像が及ばないような知見が出てくるに違いな

誘蛾灯をつり下げて飛ぶアグリドローン

い。

アグリドローンの先端性は、これだけではない。農作業ができる時間を夜にまで広げる「夜の農業革命」を起こそうとしている。そのためにつり下げられるようにしたのが誘蛾灯。コンビニエンスストアやスーパーの店外でよく見かける青い電灯だ。夜に通りかかれば、「バチッ、バチッ」という、弾けるような音が聞こえた人もあるだろう。あれは、蛾が光に集まる習性を利用して、電流で感電死させているのだ。

作物の害虫のなかには、昼間は天敵である鳥から身を隠すためなのか、葉の裏にひそんでいて、夜に入ると表に出て活動する夜行性の種類が多い。たとえば、葉や茎の汁を吸って稲を枯らすウンカ、それからハスモンヨトウなどの蛾がそうだ。いずれも稲と大豆にとっては最も厄介な害虫である。

そこで佐賀大学などは、夜間に飛行させるアグリドローンに誘蛾灯をつり下げることで、そこにウンカやハスモンヨトウなどの夜行性の害虫をおびき寄せ、電流で感電死させることを試みた。その結果、二〇一六年六月、世界で初めてこの方法で害虫を退治するのに成功している。

二〇一六年夏には、九州で問題となっているヒメトビウンカの防除でも実験した。これに関して渡邉教授は興奮を隠さない。

「これは革命的ですよ。誘蛾灯を飛ばすだけで農薬を減らせるんだから。特にウンカは、九州では厄介な害虫。いったいどれだけ効果があるのか、これから追究していきたいですね」

「革命的」というのは、夜の時間を害虫の防除に使えるからだ。オプティムの菅谷社長は、こう期待をかける。

「これまで農業において、夜という時間は活用されてこなかった。それが、アグリドローンの投入で夜も農業生産に充てることができれば、農業という産業を大きく前進させることになる」

第二章で紹介したロボット農機もそうだが、「農業版インダストリー4・0」の世界では、農作業の時間が夜にまで広がることも大きな変革といえる。

このアグリドローンは、あらかじめ人間がコンピュータで決定した経路に沿ってしか飛行できない。そのため、途中に障害物があれば避けて通れず、ぶつかる恐れがある。だから、飛行中は人が監視し、万一の場合には回避のため操縦できるようにしておかなければならない。

一方、もし自ら経路を判断して飛行できるようになれば、途中に障害物があっても、アグリドローンは回避できる。そうなれば、基本的には、人が監視する必要はなくなる。

これが実用化の段階になれば、たとえば田畑の脇に離着陸場を設け、毎日定時になると飛び立ち、一連の役割をこなして着陸するまでを、すべて自動化できる。さらに離着陸場で自力充電できるようにすれば、連続的に飛行させられる。研究チームは、最終的に、これを実現するつもりでいる。

アグリドローンは二〇一七年に発売予定。販売価格は「普及を見込んで五〇万〜一〇〇万円にしたい」（オプティム）とのことである。

病気にかかる葉の色も見極める

多機能を搭載したアグリドローンは、間違いなく農家の優秀な相棒となるだろう。ただし、ドローンだからこその弱点がある。それは、ハウス内では使えないことだ。屋根がある

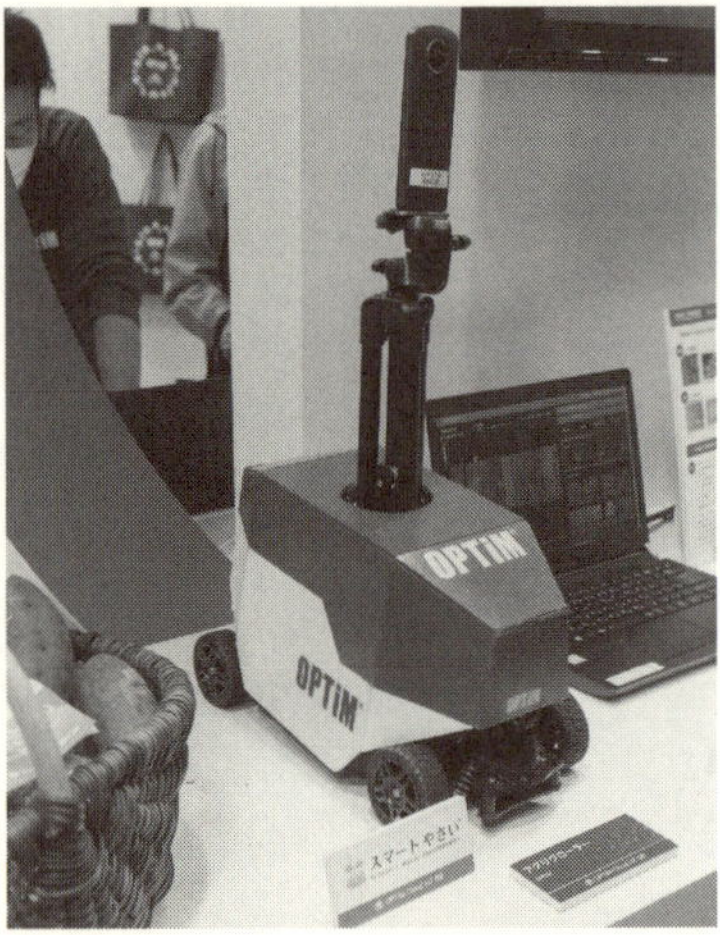

アグリクローラー

場所で飛ばすことは、技術的にほぼ不可能である。代わりに研究チームが開発したのが、ハウス内を走り回って作物の状態を監視する「アグリクローラー」だ。

その見た目は、ラジコンカーに小さな三脚、さらにその上にスマートフォンを搭載したような格好をしている。スマートフォンに似ている物体は、三六〇度を同時に撮影できる全天球カメラ。このカメラでイチゴやトマトの葉や実を撮影しながら、その動画をクラウドに上げ、これまたディープラーニングでその画像を解析して、病害虫の発生の有無や収穫の時期などを見極める。

三脚は一五〇センチの高さまで伸びるようになっているので、ハウスで作る果物や野菜であれば、だいたいの種類の作物を撮影できてしまう。撮影したデータを解析することで、イチゴの実の密度が分かれば、適切な摘果につなげられる。

アスパラガスであれば、茎がどれだけ伸長しているかを判別して収穫の適期を伝えてくれる。とりわけアスパラガスのように葉が旺盛《おうせい》に繁茂するような作物であれば、腰を屈めて茎の伸長を見分けるのは大変なので、アグリクローラーによる労力の負担軽減の効果は高い。研究チームは、いずれアグリドローンと同じように、農薬を散布する機能も搭載する予定だ。実現すれば、病害虫のいるところにピンポイントで農薬をまける。

ただし、いずれの場合でも、減農薬をうたうには農薬成分のカウントの仕方が問題になってくる。現行法では、ピンポイントの散布であっても、全面に散布したのと同じカウントになってしまう。テクノロジーの発達によって部分的に農薬をまく技術が出てくるなか、研究チームは、現行法の見直しを求めることも視野に入れている。

三者が開発したＩＴ機器で、生育管理などの研究をしているのは、大豆、イチゴ、アスパラガスなど二八品目。そのなかで、害虫だけでなく病気も特定する努力を続けている。病気にかかる葉の色を見極められるかもしれないというのだ。

遠隔地から営農指導するシステム

研究チームが活用したもう一つのＩＴ機器は、ウェアラブル端末。これはメガネのレンズに仕込んだ小型のカメラとディスプレイがインターネットにつながっており、マイクとスピーカーで音声の送受信もできる優れもの。これを使えば、たとえば次のようなことができる。

某日、都内の農業IT企業のオフィスで机に座って仕事をしているAさん。彼がパソコン画面を通じてじっと見守っているのは、和歌山県のハウスで育っているイチゴの状態だ。

ちょうどこのとき、ハウスのなかを見て回っていたのは、イチゴ作りは今年が初めてだという農家のBさん。その目にはウェアラブル端末がかかっている。Aさんがパソコン画面で見ていたのは、このウェアラブル端末を通した画像だったのだ。

パソコン画面を凝視していたAさんが気づいたのは、イチゴの葉に付いた小さな斑点《はんてん》……これは最重要病害の炭疽病《たんそびょう》だ。すぐにパソコンを操作して動画から静止画を切り取り、そこに映った小さな斑点を赤線で囲み、Bさんに対処方法を伝えた。もちろん小さな斑点が赤線で囲われた静止画はBさんもウェアラブル端末を通して見られる。音声によるAさんのアドバイスもあるので、適切に防除することができた。

農作業は往々にして孤独だ。自らの判断で緊急的に対応を迫られる場面は少なくない。だが、ウェアラブル端末があれば別だ。

開発に参加したウェアラブル機器メーカー・テレパシージャパンの鈴木健一《すずきけんいち》社長は、こう話している。

「ウェアラブル端末があれば、農家は孤独ではなくなり、遠く離れていても誰かと一緒に仕事をすることができる。農業のノウハウや洞察、モノの見方を、ウェアラブル端末を通じて

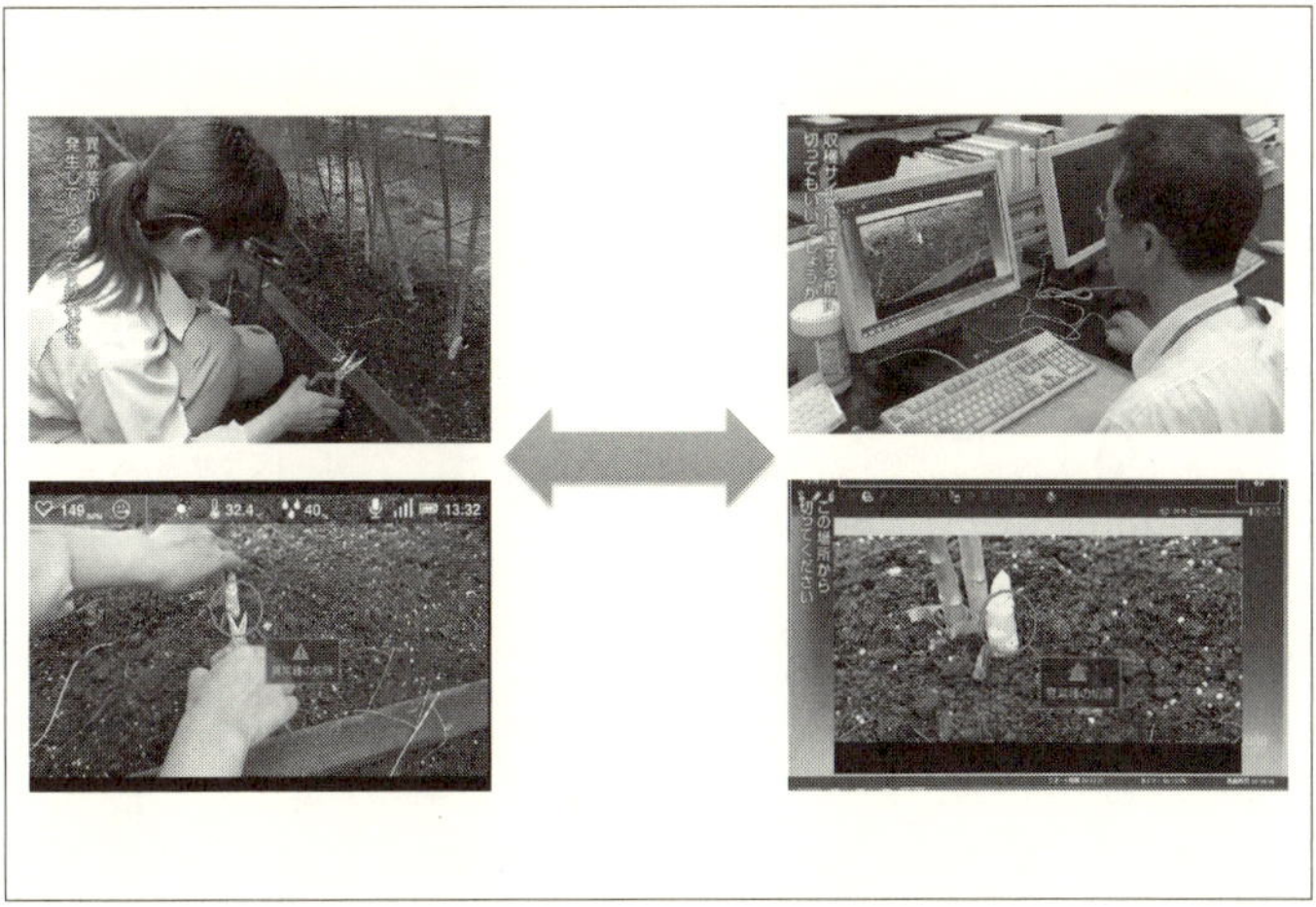

ウェアラブル端末を使った営農指導

人から人に伝承させる。その道具の一つとして活用してもらいたいのです」

既述した通り、ディープラーニングは「認識」「運動」「言語」の分野で人間に近づいていくとされている。そうなれば、ディープラーニングを使ってウェアラブル端末で集めた音声データを解析し、それを基に栽培マニュアルを自動的に作成することも可能になる。

このあとに紹介する農業ITベンチャーのベジタリアも、ディープラーニングを使った音声認識の実験を始めている。たとえば農家がアップルウォッチにしゃべりかけて、ブドウの病気や害虫の発生時期を尋ねたとする。するとディープラーニングの機能が付いたアップルウォッチは、これまでの会話の経緯を踏まえながら何を問われているかを認識して、返答してくれる。

ＡＩが病気や害虫の発生時期を予測する根拠は、果樹園に設置した畑の状態を把握するセンサーや気象などのデータ。こうしたセンサーで収集した過去のデータに加え、病気や害虫がいつ発生したかといったデータを蓄積するほどに、ＡＩはより優れた予察をしていく。

実現するのは五割の収益増

ベジタリアがＡＩで起こそうとしている農業革命は、これだけにとどまらず、壮大なものだ。が、その話はこのあとに取っておくとして、ここでは佐賀県の話に戻ろう。

佐賀県、佐賀大学、オプティムが、二〇一五年八月にＩＴ農業に関する三者連携協定を結んでから一〇ヵ月。目指しているのは「楽しく、かっこよく、稼げる農業」の実現だ。

このうち「楽しく」と「かっこよく」は、まさしくアグリドローンやアグリクローラー、そしてウェアラブル端末を活用すること……「きつい」「汚い」「かっこわるい」という三Ｋから脱却した新しい営農スタイルは、それだけで若者を惹き付ける魅力を持ちうる。

では「稼げる」とは何か。いま開発している一連のＩＴ機器を駆使すれば、農薬の散布量や労働時間の節減をしたり、単位面積当たりの収量を上げたりできる。そうした一つ一つを積み重ねることで、目標として従来の栽培法と比べ、労働時間を二割減、売り上げを三割増することで、五割の収益増を掲げている。

実用化に向けて、佐賀大学は、農場に隣接する二枚の畑を用意した。同一面積のこれらの畑のうち片方だけでＩＴ機器を活用し、ＩＴ機器を使わずに作物を育てるもう片方の畑と収量や品質にどの程度の差が生じるかを見ていくのだ。

研究の成果を評価するのには、二通りの目標指標も用意している。「へらせる」と「ふやせる」だ。前者は経費や労力、労働時間、虫害、病害、鳥獣害など、減らしたい項目。一方、後者は品質や収量、安心、信頼、売上、単価など、増やしたい項目となっている。

世界一の農業ビッグデータ地域に

一連のサービスを受けるには、オプティムのクラウドサービスを利用することが前提になる。アグリドローン、アグリクローラー、ウェアラブル端末などで収集したデータは、一様にクラウドに上げて解析してもらう。

先に述べたように、佐賀県は「世界No.1農業ビッグデータ地域」になることも目標の一つとしている。その理由についてオプティムの古賀《こが》一彦《かずひこ》取締役は、「農業の成長にとって一番効果を出せるのがビッグデータの解析にあるからだ」と説明する。

生育管理のために集めるビッグデータには、篤農家でさえ気づかなかった知見が豊富に隠されている。それは間違いない。

膨大な量のデータの分析によって生み出される新たな営農的アプローチこそ、収量や品質を高めたり、病害虫の効率的な防除につながっていくのだ。

そういう意味では、研究チームにとってIT機器の開発は、副次的な仕事である。アグリドローンやアグリクローラーが市場に存在していたら、開発するつもりはなかった。市販のIT機器で十分間に合うからだ。なお、クラウドサービスの利用料は、二〇一七年初頭の段階では未定である。

ビッグデータは、それ自体が立派な生産履歴である。そうしたデータをより効果的に利用すべく、オプティムのクラウドサービスを、生産者と消費者が自由に情報交換できるプラットフォームとして構築していくのだ。

このプラットフォームには、アグリドローンやアグリクローラーで撮影した動画や静止画を公開する。消費者は、日々アップされる動画や静止画を見ることで、気に入った農家や欲しい野菜を見つけ出すことができる。

スマートやさいで四次産業化

三者の連携協定では、IT機器を活用して生産したタマネギやアスパラガスなどで「スマートやさい」というブランドを構築していく。三者連携で取得するこの商標は、生産履歴が明確になっていることをうたい文句にして、オプティムのクラウドサービスの利用者だけが使えるようにする。

スマートやさいの商品には、パッケージにすべて二次元コードを記載する。それをスマートフォンなどで読み込めば、生産者を紹介する動画やその人が作っているスマートやさいの品種ごとの収穫や出荷の時期、さらに作業履歴などが閲覧できる。また、生産者だけでなく消費者が写真入りでレシピを投稿できるようにしている。

こうした相互交流によって創造するのは農業の四次産業化だ。渡邉教授は次のように話している。

「プラットフォームを通じて狙いたいのは、農家が自ら販売まで持っていけるようにすること。つまり、一次産業に三次産業を足した四次産業を構築することができるのではないかと思っています」

プラットフォームについては、第一弾として、二〇一六年に生産履歴に関する情報提供のサービスを開始した。野菜が作られた過程に加え、その野菜がどういう機能性を持っているかも紹介する。

農業のハードとソフトを輸出へ

研究チームが目指しているさらなる大きな目標は、人材育成と地方創生だ。

人材育成という点では、二〇一六年四月から、佐賀大学に教養科目として「二年間でできる『がばいベンチャー』の作り方」を開講し、アントレプレナー（起業家）の養成に着手している。佐賀の方言である「がばい」とは「すごい」といった意味。佐賀で活躍する優秀な人材を育てていく。

そのために用意した講義のテーマは、①アントレプレナーシップとプログラミング入門②知財戦略とプログラムの活用③ビジネスモデルとプログラミング中級④ビジネスプランの作成と発表……といったもの。渡邉教授や菅谷社長らが講師を務める。優秀な発案については知的財産権の取得や事業への採択も検討する。

そもそもオプティムが佐賀県と連携したのは、菅谷社長が佐賀大学農学部出身だから。大学時代に同社を立ち上げ、いまや複数台のスマートフォンやタブレット端末をリモートで一元的に管理するサービス「モバイルデバイスマネジメント」の分野では市場ナンバー1《ワン》の地位を四年連続で獲得するほどに成長している。

渡邉教授は「三者連携協定で第二、第三の菅谷を輩出したい」と意気込みを語る。これに協調するオプティムも佐賀大学の出身者を積極的に雇い、人材育成に力を入れている。

ＩｏＴやロボット、そしてＡＩにおける最先端のテクノロジーを駆使して佐賀県の農業が成長するに従い、それに携わろうとする若い人材は増えてくる。一連の事業が世界から注目されるほどに発展すれば、国内はもとより海外からも優秀な人材が集まるだろう。研究チームは、そうしたなかから、佐賀県の農業に貢献する人材も自然と現れてくると考えている。

ＩｏＴとロボット、さらにＡＩが融合すれば、農業の生産性を上げるだけではない。開発したハードやソフトを輸出すれば、地場に大きな産業が作れる。まさに地方創生だ。以上の観点から佐賀県の行方は注目に値する。

農薬や肥料を減らして地方創生

ロボットＡＩ農業がもたらす効果がいかに幅広いか分かっていただけたかと思う。ロボットＡＩ農業が地方創生、さらには日本の食生活や自然環境にまでも恩恵をもたらす取り組みを、さらに紹介していきたい。

主導するのは、先ほど触れた農業ＩＴベンチャーのベジタリア。ＡＩやＩｏＴを活用して、顧客の健康状態に合わせた機能性や栄養価を持つ農産物を栽培し、提供する仕組み作りを目指している。

自然環境保護という観点からは、同じくＡＩやＩｏＴを活用して化学農薬や化学肥料を減らす栽培法を確立し、それを普及させることで、地方創生につなげる試みを始めた。

それを実現するために敷いている体制には厚みがある。ＩｏＴや無線技術、ビッグデータといった分野で東京大学先端科学技術研究センターと、また植物病理学や植物生理学といった分野で東京大学大学院農学生命科学研究科と共同研究をしている。

加えて、様々な事業領域のスペシャリストを有するグループ会社を抱えている。第二章で紹介した水田の気温、湿度、水温、水位を計測する水稲向け水管理支援システム「パディウォッチ」と畑の温度、湿度、日射量などを計測する屋外監視計測システム「フィールドサーバ」を扱うイーラボ・エクスペリエンス。農作業や作物の生育がスマートフォンやタブレットを使って手軽に記録できる、クラウド型の農業生産管理の支援システム「アグリノート」の開発・運営を行うウォーターセル。それから、農家向けに有機栽培のコンサルティングをしているジャパンバイオファーム……。

このほか、ベジタリアファーム自然農園をはじめとする自社直営農場も持っている。これらの農場でも、もちろん自社のＩｏＴセンサーやＡＩの実験を試みているところだ。

病害虫を知る人工会話プログラム

ベジタリアの動向については折に触れて気に留めてきたが、ＡＩやＩｏＴを活用したその農業革命の勢いは急速で、いつも驚かされてきた。二〇一六年に入ってからだけでも、数多くの成果を挙げている。

前述したように、ＩｏＴセンサーである「パディウォッチ」は、農作業の記録を支援するクラウド型システム「アグリノート」と連携できるようになった。一般的に、几帳面《きちょうめん》な農家は、日々の農作業の内容を紙に記録している。どの農地でどんな作業をしたかについてだ。とはいえ紙に記録するのは煩雑《はんざつ》だし、必要な情報を取り出すのにも手間がかかる。これをスマートフォンやタブレットを使って、簡便に記録や保存できるようにしたサービスが「アグリノート」だ。

ほかにも多くのＩＴ企業が、こうした作業記録を支援するクラウド型システムを販売している。田畑で仕事をすれば手が汚れる。あるいは、農作業は天候などに左右されるので、それぞれの作業を終えるたび小まめに入力する余裕はない。結果、多くの農業経営体では、一日の作業を終えて事務所に戻ってきたあとに、その日どこで何をしたかを紙に書き起こし、事務員に手渡している。そのあと事務員がパソコンに打ち込むのだが、こんな面倒な手順を踏んでいるのが実態だ。

これを解消するため、ベジタリアが実用化するのが、ＡＩを活用した音声入力だ。ベジタリアの専用アプリを使えば、農家が「播種《はしゅ》」や「収穫」といった作業を終えるたびに、そのことをアップルウォッチに話しかけるだけで、AIにその音声を認識させて自動入力できる仕組みだ。これなら、作業記録を紙に手書きしたり、パソコンで入力したりする必要がなくなる。地方創生事業で協定を結んでいる長野県飯綱《いいづな》町において試験運用を開始するという。

AIの活用はこれだけにとどまらない。同じく地方創生がらみで連携協定を結んでいる長野県高山村と飯綱町では、二〇一七年にも対話型インターフェースによる営農支援に着手しようとしている。

対話型インターフェースとは、パソコンやスマートフォンなどIT端末の新たな操作方法だ。キーボードやマウスを使うのではなく、利用者がIT端末と音声で会話するのである。

ベジタリアが手始めに実現しようとしているのは、Facebook MessengerやLINEなどからベジタリアのサーバー上の人工会話プログラム「Bot」に接続して対話すること。たとえば農家が、ある水田について「稲が『いもち病』に感染するのはいつか」とアップルウォッチを通じてBotに尋ねれば、「感染日は七月一〇日」といったように回答してくれる。いもち病が発生する条件は、①葉面湿潤時間が一〇時間以上②葉面湿潤時間中の平均気温が一五〜二五度③前五日間の平均気温が二〇〜二五度……といったもの。だから気象データさえあれば簡単に予測できるのだ。

また、このサービスにはディープラーニングも取り入れる。当面のところ、病害虫の発生を予察するのに使う。将来的には、利用者がAIと交わしてきた過去の会話を踏まえながら、より適切な回答ができるように促す構想も描いている。

国内初の民間型植物病院とは

「農家が困って普及指導員らに質問する内容の九割くらいは、いつ稲がいもち病に感染するかなど、単純なものばかり。それらはたいがい、データさえあれば誰でも答えられる。そういうのはすべて、AIやIoTに任せられるようになります」

ベジタリアで二〇一六年一〇月に新たに設けた部署、プラントクリニック部長の若山健二《わかやまけんじ》氏はこう語る。

いつ感染するかが分かれば、農家はそれに合わせて予防的に殺菌剤をまく。そうすれば、いもち病の進行や蔓延《まんえん》を防ぎ、結果的に殺菌剤の使用量を減らせるわけだ。

では、残り一割の単純ではない質問には誰がどう答えるのか。この点に関してベジタリアは、日本で初めての画期的な事業に乗り出した。まさに若山氏が部長を務める部署こそ、それを果たすのだ。

若山氏が所属するプラントクリニックは、国内では初となる民間運営の植物病院である。

病害虫や雑草の専門家が、農家を対象に、栽培のコンサルティングやアドバイスをする。

これは米国にならったもの。米国にはNPDN（National Plant Diagnostic Network）という営農支援の公的機関がある。この組織の主な役割は、農家や関係機関に向けて、新たな病害虫や雑草、およびその被害を診断する方法についての情報を提供すること。連邦政府、州指定大学、州農務省と密に連携しながら、国や地域を超えて侵入してくる病害虫の発生や蔓延を早期に防ぐ体制を整えている。

では、そのNPDN自体は、どこから新たな病害虫や雑草についての情報を得るのか。それこそ民間の農業コンサルタントである。彼らコンサルタントは、地域で契約関係にある農場をめぐりながら、生産現場でいま何が起きているかの最新の情報を把握している。そうしたなかから検疫上危険な事態が発生したりその兆候が現れたりしたら、逐一NPDNにつないでいるのだ。

とりわけ米国では、二〇〇一年の「九・一一同時多発テロ事件」以降、「バイオテロ」への懸念が広まっている。反米感情を持つ国や組織が、作物に壊滅的な被害をもたらす植物病原菌を人為的にまく、というものだ。州政府は、バイオテロの防止に向けて対策費を増額しており、民間コンサルタントの役割は高まってきた。

一方、日本では、公的な農業指導機関で人員が大幅に削減されていることから、民間コンサルタントの役割は必然的に高まっていくだろう。なにしろ全国の都道府県に所属する普及指導員の数は、二〇一五年時点で六五六八人。ピーク時の一九六四年から半減しているのだ。

ベジタリアの植物病院でコンサルティングに当たる人材は、植物医師の資格を持っている。これは国家資格「技術士」の有資格者及び同等の能力を有する者のなかから、日本植物医科学協会による植物医師認定審査に合格した人だけが得られるものだ。二〇〇四年に、技術士資格の農業部門に植物保護分野が設置され、全国ではこれまでに約一〇〇人が取得している。

ベジタリアの植物医師は、先述した一割の単純ではない質問に答えていくことになる。それ以外は、なるべくＡＩとＩｏＴに任せてしまうつもりだ。もちろん顧客に対しては、収集されたデータを読み解く講習会を開いている。

医食同源を狙った新ビジネス

ここまで見てきたように、ベジタリアは、ＩｏＴやＡＩを駆使して農業生産の幅広い分野における解決法を提供しようとしている。とはいえ、その波及効果を農業生産だけにとどまらせるつもりはない。それを食と健康、さらには環境にももたらし、そこで相乗効果を生むつもりでいる。

そのため同社がいま手掛けていることの一つが、「医食同源」を狙った新ビジネスの創出だ。

現代の日本は、まさに飽食の時代ではあるものの、運動不足や乱れた食生活から「生活習慣病大国」に陥っている。食生活に関していえば、摂取量において動物性タンパク質や脂質が増える一方、炭水化物や食物繊維は減少している。

あわせて、野菜から摂取できる栄養価も右肩下がりだ。同じ量の野菜を食べたときに摂取できる栄養価について、一九五〇年と二〇一五年を比較した場合、ニンジンに含まれるビタミンAは八二％減少……このほかホウレンソウの鉄分は八五％減、アスパラガスのビタミンB_2は五〇％減、レタスのビタミンCは四九％減などとふるわない。

これには大きく三つの理由がある。

一つ目は、畑がやせたことだ。戦後になって化学肥料を多投したことで有機物が不足し、それを餌とする微生物が減ってしまった。こうして微生物が減ると、有機物の分解から生まれる腐食も減り、土が固くなって、作物は根を十分に張れなくなる。結果、作物は水や養分を十分に吸収できなくなってしまったのだ。

二つ目は、旬《しゅん》ではない時期に流通する野菜や果物が増えてきたこと。かつては夏にしか目にすることがなかったトマトやキュウリは、いまでは年間を通して食べることができる。ただ、旬ではない時期に収穫した野菜は、旬のそれにくらべて栄養価も低い。

三つ目は、収穫してから時間が経った野菜や果物を食べるようになったこと。現代の日本人は、全国各地の農産物を手にすることができるようになった。ただ、それは同時に、流通に時間がかかっているものを食べるようになったということでもある。農産物に含まれるビタミンやミネラルのなかには、時間とともに失われていくものがある。欲しいときに欲しい食材が手に入るようになった裏側では、こんな事態が起きていたのだ。

ベジタリアは、こうした現代特有の悩みを、農業を通じて解決しようとしている。たとえば同社のグループ企業であるジャパンバイオファームは、すでに様々な品目について、化学農薬や化学肥料を使わず、そのうえで特定の栄養価や機能性を高める栽培技術を開発している。

そこでは、ネギやホウレンソウの抗酸化力を通常の栽培法でとれるものの倍以上に増やしたり、キュウリやダイコンについてはビタミンCを一・五倍以上にしたりする有機栽培を確立している。より緻密な栽培管理をするうえで、すでに紹介したベジタリアのIoTセンサーやAIなどを使った営農支援システムが役立つのはいうまでもない。

ジャパンバイオファームは、有機栽培のコンサル会社として全国に一〇〇〇人の会員農家を抱えていることから、こうした栄養価や機能性が高い野菜や果物を作ろうと思えば、量産することができる体制もある。

加えて販路も構築している。二〇一六年秋から、東急グループのイッツコムが運営する全国のうまいものを販売するサイト「ポニッツショッピング」で、ブドウを期間限定で売った。このブドウに関しては、栄養価や機能性についてのデータを持っていなかったため、サイトではそれらを表示していない。ただ、今後についてベジタリア事業開発本部マネージャーの山崎浩平《やまざきこうへい》氏は、「きちんとデータを取り、機能性や栄養価をうたった商品作りを進める」と断言する。

将来的にベジタリアは、自社で販売サイトを作り、より顧客に訴求効果のある売り方をしていく。それをサポートするのはＩｏＴだ。

具体的な構想として描いているのは、ウェアラブル端末を活用して消費者の健康状態を把握すると同時に、その診断結果に基づいて、健康増進や美容に役立ちそうな機能性野菜・果物を提案できる仕組み作りだ。

たとえば血圧を計測するスマートウォッチ。顧客の腕に巻き付けてもらい、血圧が上がってきたら、ベジタリアファーム自然農園の会員が作る血圧降下に役立つ機能性野菜・果物を使った食事療法を提案できるようにする。山崎氏は、「妊婦や子ども、高齢者と、それぞれ必要な栄養素が違う。彼らの健康状態をモニタリングしてあげて、必要な野菜をパッケージして提供したい」と構想をめぐらす。

地方移住のマッチングもＡＩで

ＩｏＴやＡＩによって地方移住の壁も低くなる。

市外からの移住者が増えつつある福岡県糸島市。同市は、東に隣接する政令指定都市の福岡市の中心部まで車で三〇分という距離にある。それでいながら自然豊かな地であるため、農業が盛んだ。それゆえか、自然や景観に恵まれたところで子育てをしたいといって移住を希望する家族が後を絶たない。

そこで市は、九州大学と富士通研究所の協力を得て、二〇一六年から市内への移住希望者と移住候補地とのマッチングをＡＩにゆだねる実験を始めた。

まず移住希望者は、家族構成とそれぞれの性別や年齢、自家用車の所有の有無などの属性をコンピュータに入力する。ＡＩは事前にプログラムした数理モデルに基づいて、一連の属性データから適切な候補地をはじき出す。その結果に対して移住希望者が評価し、それをＡＩの学習プログラムに還元することで、候補地を選定する精度を高めていく。

とりわけ移住人口を増やしたいのは西部地域。市はこう期待する。

「東部は福岡市に近いので人気があるのに対し、西部は移住希望者数がだいぶ劣る。ＡＩを使った今回の実験で農山村が多い西部への移住を増やせたらいい」

虫の撮影画像は教育ツールにも

農業のＩｏＴやＡＩは、自然科学の教育分野においても、新たな可能性を開こうとしている。それに向けてソフトバンクグループのＰＳソリューションズが強化しようとしているのが、ＩｏＴによるクラウド型の営農支援サービス「ｅ－ｋａｋａｓｈｉ」。このサービスの詳細は第四章に譲り、ここでは簡単に触れるのみにする。利用者は、田畑に設置するセンサーで水位、水温、地温、湿度を計測し、それらのデータをスマートフォンやタブレットで、いつでも見られるサービスだ。

ＰＳソリューションズは、二〇一七年度にも予定している新たなサービスとして、ディープラーニングを活用した病害虫の画像解析も導入する。農家が田畑をめぐりながら、作物上で見かけた虫や病斑《びょうはん》をスマートフォンやタブレットで撮影して送信すれば、ＡＩがその画像を解析して、病害虫の名前や特徴を教えてくれるようになるのだ。

これを応用してサービスを展開しようとしているのが、自然界の生き物を学ぶコンテンツだ。ＡＩがディープラーニングで病害虫や雑草の種類を判別するレベルにまで達するには、膨大な量の画像を覚えこませなければならない。それらの画像データを教育用に公開するのだ。

子どもたちが、スマートフォンを片手に、野辺に生息する虫や雑草を撮影して送信すれば、その虫や雑草の名前や特徴を知ることができるようにする。

グーグルのAIソフトで選別機を

以上、ＩｏＴとＡＩが、農業、食生活、環境、教育に与えるインパクトを述べてきた。そうした仕事は何も、ＩＴ企業や研究機関だけにゆだねられるものではない。農家も自らＡＩを使って農業革命を起こすことができる、そんな時代になりつつある。

「農家がＡＩを使いこなして野菜の選別を行う時代は、すでに訪れています」

そう快活に語るのは、過去にシステムエンジニアとして活躍し、現在は静岡県湖西《こさい》市でキュウリを作る小池誠《こいけまこと》氏。小池氏はディープラーニングを使って、専門家の手を借りず、キュウリを選別する機械を作ってしまった。

キュウリの選別は簡単ではない。長さ、太さ、色つや、質感、凹凸、傷、病気の有無……これらの組み合わせで、九つの等級に分けねばならない。キュウリを見て、一瞬のうちにどの等級かを判断するのは、ベテランだけに可能な仕事。小池家では、この道三〇年の母親の

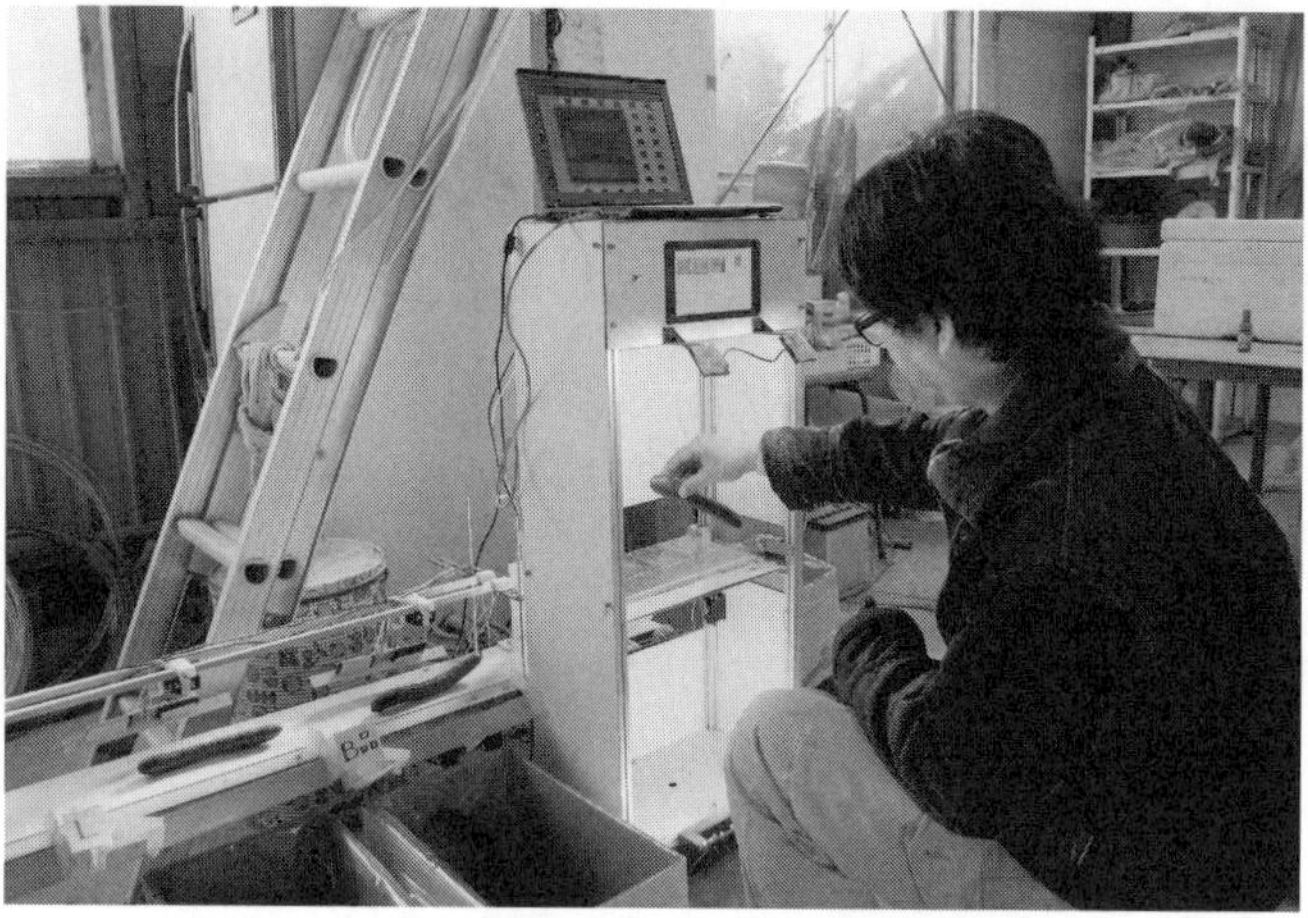

小池氏が作ったキュウリ選別機

仕事となっている。しかも、その作業時間といえば、繁忙期《はんぼうき》には一日八時間にも及ぶ。

小池氏は、この選別を機械に任せようと考えた。そこで利用したのが、グーグルが二〇一五年一一月に世界中の誰もが好きなように使えるようにした機械学習ライブラリー「TensorFlow（テンサーフロー）」だ。要はテンサーフローの登場によって、関心のある人であれば誰でも、AIを活用して様々なシステムを構築することが可能になったのだ。

それは農業システムについてもしかり。小池氏はキュウリの等級ごとの写真を撮影。その九〇〇〇枚に及ぶ画像を、半年かけてディープラーニングで選別機に覚え込ませ、キュウリの選別のベテランのレベルにまで引き上げようとした。

「母親のレベルと比べて七〇%の精度にまで来ている」と小池氏。さらに画像データを増やして、母親の九九%以上のレベルに達した段階で実用化に入る。といっても、売るつもりはない。誰もが製作できるよう、試作段階から、その様子をインターネット上で公開しているのだ（http://workpiles.com/category/cucumber-9/）。

農家が納屋で機械を作る時代

ベジタリアも、先に紹介したサービスの開発において、テンサーフローを活用している。AIの専門家である同社データサイエンス部シニアリサーチャーの大嶋《おおしま》彈《だん》氏は、農家がキュウリの選別機を作ったことを知り、かなり面白い成果だと感じた。そして、次のように予想する。

「ディープラーニング関連は、テンサーフロー以外にも様々なツールが登場してきており、今後は誰でも簡単に、そして手軽に活用できるようになるのではないでしょうか」

とりわけこのキュウリ選別機のような画像データを基にした判別技術は、ディープラーニングが得意とする分野だ。今後もどんどん普及していくと大嶋氏は見ている。

これに関しては小池氏も同感で、「その気になれば農家の誰もが、さほど苦労せずとも、自分の欲しい選別機を作れる」と断言する。

少し前に「メイカーズ」という言葉がはやったように、いまや個人が、欲しい機器を自ら生み出せる時代に突入したのだ。

かつてメーカー企業は、消費者の個別の事情を把握することはできなかった。それを把握したとしても、たいがいは事業性が見込めないことばかりだった。そのため、大量生産・大量販売が見込める機器ばかりを作ってきた。かといって、個人がこのアイデアを具現化するには、高度な知識やコストの壁があり、叶《かな》わなかった。

それがいまでは、テンサーフローのような様々なソフトウェアが、誰もが使えるようオープンソース化されている。おまけに必要な機材が手に入らなくても、3Dプリンターで簡単かつ安価に作れてしまう。

小池氏がキュウリ選別機にかけた材料費は、七万円に過ぎない。農家が納屋にこもって手近な機材で様々なモノを作る時代は、もう始まっているのだ。

なぜ最初に除草用ルンバなのか

次に、農業用ロボットについて、その開発の実態と、農業や国土に与える影響についてレポートしていく。

レタスの自動収穫ロボット

政府の「ロボット新戦略」が策定されたことを受け、農林水産業や食品産業でも、ロボットの開発が加速しようとしている。政府が重点分野に掲げるものは三つある。

一つ目は、第二章で紹介したトラクター、コンバイン、田植え機などのロボット農機。GPSを活用して自律走行する。信州大学や長野県、そして長崎県などが二〇一八年度の実用化を目指すレタスの自動収穫ロボットもこれに入る。実現すれば収穫にかかる作業時間は手作業の三分の一になるという。

二つ目は、人手に頼っている重労働の機械化と自動化のためのロボット。人が装着することで、重量のあるモノの持ち運びを支えてくれる「アシストスーツ」や、草刈りをしてくれるロボットなどを指す。

三つ目は、作物の生育状態を把握するセンシングという技術を持ったロボットである。

自民党農林部会長の小泉進次郎氏がその実現を強力に押すのは、この一つ目に含まれる、いわば「除草用ルンバ」だ。

周知の通り「ルンバ」とは、アイロボット社が販売するロボット掃除機のことだ。センサーでゴミを感知して吸い取り、掃除が終わると充電器まで戻ってくる。「除草用ルンバ」は、そのゴミが草に替わったものとイメージしてもらえればいい。農林水産省が二〇一七年度から開発に乗り出すことになっている。

なぜ手始めに除草用ロボットを作るかといえば、大規模な田畑でコメや麦などを作る農家にとってみれば、草刈りが非常に厄介《やっかい》な作業であるからだ。夏場になると雑草の生育は旺盛になり、一ヵ月に四~五回は草刈りをしなければならない。しかも規模が広がるにつれ、その手間は増えている。それなのに、草刈りそのものは経済行為ではなく、そこからカネは生まれない。

おまけに、刈り払い機による事故も跡を絶たない。高速で回転する鋭利な刈り刃で草を刈っていた際、気づかぬうちに近寄ってきた人や、あるいは自分を傷つけてしまう事故が相次ぎ、死亡事故も起きている。これから大量離農によってさらに経営耕地面積が広がる前に、まずは除草の手間や人身事故を減らそうということだ。

アイガモロボットで雑草退治

農業分野で開発されているロボットは、ほかにもある。稲作では「アイガモロボット」。これは、雑草対策のためにアイガモを水田に放す農法を参考にしたものだ。

水田を泳ぎ回るアイガモは、雑草を食べるほか、水を濁らせることで雑草の光合成を抑制、それが繁茂《はんも》するのを防ぐ。アイガモロボットも、走行用クローラーで泥をかき混ぜながら、雑草を引き抜くと同時に水を濁らせる。

畜産では、豚舎を自律走行して清掃して回ったり、乳牛を搾乳《さくにゅう》したりするロボットも開発されつつある。

こうしたロボット開発の先にあるのは、農場の「考える工場化」だ。

考える工場とは、工場内のあらゆる機器と設備をインターネットでつなげ、生産を革新するもの。農業においても、センサーやＡＩを搭載したロボットは、互いに連携しながら、農場内を自由に動き回る。

たとえばイチゴのハウスを走行するのは、栽培環境を見回るロボット。高性能センサーで温度、湿度、照度、二酸化炭素の濃度を計測。さらにイチゴの葉や実の色味を撮影して、Ａ

Iによって解析する。そして、もし収穫の適期を迎えている果実があれば、クラウドを通じて収穫ロボットにその旨を伝える。すると収穫ロボットがその場所に向かい、イチゴを摘み取る。

こうした構想は、農業において、すでに現実化されつつある。農業用ロボットを開発するベンチャー企業のフューチャアグリが、ロボットやその仕組みを開発しているところだ。

なぜ無人ヘリでなくドローンか

次に、「空飛ぶロボット」といわれ、いま話題になっているドローンの現状について紹介しておこう。

ロボットのなかでも、ドローンの市場は急成長する見込みだ。市場調査会社の矢野経済研究所によると、軍事用と民間用を合わせた世界市場規模は、二〇一五年の一兆二四一〇億円から二〇二〇年には二兆二八一四億円まで伸びるという。アメリカの産業界では、ポストスマートフォンとして有力視されているほどだ。

急成長するのは日本も同じだ。市場調査会社のシード・プランニングの予測によると、機体とサービスを合わせた国内市場は、二〇二〇年には六三四億円にまで成長する。これは二〇一五年の一六・七倍の規模。さらに二〇二四年には、二二七〇億円を超えるという。

なかでも一大市場となると見込まれるのが農業用だ。ドローンを活用したサービスの市場規模を見ると、二〇一六年には全体の五〇％以上を農業が占めるとされる。以後は測量や整備・点検の割合が急速に増えていくため、農業の占める割合は縮まるが、市場全体が急速に拡大するなか、農業分野での市場規模も、それと連動して大きくなると断言している。

ドローンが農業において期待される役割の一つは、農薬の散布だ。すでに複数のメーカーが開発している。

これまで空中からの農薬散布については、農業用無人ヘリ（以下、無人ヘリ）が担ってきた。無人ヘリといえばヤマハ発動機（以下、ヤマハ）。一九八〇年代に農林水産航空協会からの要請を受けて、農業機械メーカー各社は、産業用では世界初となる無人ヘリの開発に乗り出した。ただ、いま製造しているメーカーといえばヤマハだけである。ヤンマーも販売しているが、これはヤマハ製造のＯＥＭ（委託先ブランド名による受託製造）機だ。

ヤマハによると、無人ヘリの用途は、稲作での殺虫剤や殺菌剤といった農薬の散布が九〇％以上を占める。しかし、その用途は肥料や種子の散布にも広がり、国内における散布面積は、推計で一〇六万ヘクタールに及ぶ。その便利さから、最近では各国で利用されつつある。

これだけ活躍の場を広げている無人ヘリがあるのに、なぜいまドローンに農薬を散布する役割が期待されているのか。その理由として、一つには、無人ヘリが高額なことがある。一機当たりの価格は一〇〇〇万円を超えるのだ。対して農薬散布用のドローンの相場は五〇万～一〇〇万円。もちろん能力には違いがある。たとえば最大積載量は、前者が二〇～二四キロなのに対し、後者はおおむね一〇キロといったところだ。

しかし無人ヘリの能力が優れているとはいえ、これだけ高額だと、農家が個人で所有するのはまず無理である。そこでたいていは、地域ごとに農家たちが防除組合を作り共有している。ただし共有となると、自分の希望する日時に農業をまけないこともある。おまけに無人ヘリは、小回りが利かなかったり、操作が難しかったりする。そこで、手軽に入手できて簡単に使えるドローンが注目されているのだ。

稲の色や背丈の撮影で分かること

このドローンは、農作物の生育を把握するセンシングの役割も期待されている。稲や麦が植えてある田畑を定期的に撮影することで、生育の変化を追って、緻密《ちみつ》な管理につなげられる。

これまでもセンシングについては、やはり無人ヘリや、衛星が活用されてきた。ただ、いずれも費用がかかることなどから、自治体やＪＡといった大きな組織が主導している。そうしたセンシングは、産地全体の稲や麦の生育をざっくりとつかむことを目的としているので、個々の農家の特定農地についてまでは及んでいない。そうした事態を変えるため、手軽に使えるドローンの可能性が注目されている。

といっても、実用化はこれからである。全国の大学や研究機関が連携しながら、実験は始まったばかりだ。

その一つは、二〇一四年度から始動している農林水産省のプロジェクト「ＩＣＴ活用農業事業化・普及プロジェクト」の補完研究として採択されたもの。参画するのは凸版印刷、東京大学、名古屋大学、ドローンによる農業支援システムを開発するベンチャーのエアフォーディー、それから福島県須賀川《すかがわ》市の農地所有適格法人西部農場だ。

この研究チームは、二〇一五年までの二年間、西部農場でドローンによる稲の生育状況を把握するためのセンシングを繰り返してきた。その結果、稲の倒伏《とうふく》や、いもち病の発生を予測できることが分かってきた。

予測の根拠になるのは、主に稲の草丈と葉色。いずれの数値にしても、ドローンに搭載した特殊カメラで上空から撮影した画像を解析する。すると、かなり正確に把握できる。一枚の田のなかでも、特に稲の背丈が高かったり、葉の緑色が濃かったりする、そうしたことを見分けるのだ。

こうして定期的に撮影するうちに、葉の緑色の濃淡の違いが如実に確認できるようになる。では、これらは何を意味するのか。

まず、稲の背丈が特定の時期の標準よりも高い場合には、倒れる可能性がある。倒伏すれば、稲刈りがしにくくなる。それを未然に防ぐためには、倒伏防止剤をまけばいい。

また、葉色が平均値よりも濃い場合には、肥料が効き過ぎているのだ。放っておくと、最も厄介な病気であるいもち病が発生する恐れがある。それを回避するため、追肥《ついひ》を控えることになる。

第二章で紹介したように、農家は水管理のため、毎日のように水田を回っている。このときに草丈や葉色も確認している。ただし、水田一枚をとっても、人の目が行き届く範囲には限界がある。だからこそ、ドローンによるセンシングが、緻密な管理には必要なのだ。

用途が広がるにつれて、使いたい農家は多くなってくるだろう。もちろん個々でドローンを持つのもいいが、無人ヘリと同じように共同利用する手もある。農家同士でドローンの利用組合を作り、地域の農薬散布や作物のセンシングを一斉にやってしまえば、費用も作業時間も減らせる。ドローンの製造台数が世界一の中国では、すでに農作業受託の会社まで登場しているのだ。

新潟市は松くい虫対策のために

先ほど紹介したベジタリアも、ドローンで撮影した画像を解析することで、稲の登熟《とうじゅく》歩合を把握したり、倒伏する危険性を予察したりする実験に乗り出した。場所は国家戦略特区に指定されている新潟市。二〇一六年九月に「ドローン実証プロジェクト」で連携協定を締結した都市だ。

この連携協定で併せて取り組んでいるのが、全国で問題になっている松くい虫被害（マツ材線虫病）の蔓延《まんえん》を防ぐ「海岸保安林プロジェクト」である。

日本の美しい海岸景観を形成するのに欠かせない松。だが、そうした白砂青松《はくさせいしょう》の景色が、いま各地で危機に瀕《ひん》している。マツノザイセンチュウという線虫の感染により、あちこちで松が枯死しているからだ。

その被害は北海道を除く四六都府県……ほぼ全国で発生しており、その材積（木材の体積）は約五〇万立方メートルにも及ぶ。被害地のなかには、日本三大松原の一つにして、ユネスコ世界文化遺産に登録された「富士山」を構成する、静岡県の三保松原《みほのまつばら》もある。プロジェクトの舞台である新潟市では、その被害額は年間八〇〇〇万円を超える。

マツノザイセンチュウを媒介するのはマツノマダラカミキリだ。枯れた松に産み付けられた卵から孵化《ふか》した幼虫は、樹皮の下にある皮を食べながら松の木のなかで成長する。やがて羽化したら、同じ木のなかにいたマツノザイセンチュウを体内に入れて飛び立つ。そうしてマツノマダラカミキリが、枯れていない松の樹皮を食い荒らすとき、マツノザイセンチュウがその松の材のなかに侵入し、松を枯らしてしまうのだ。

もちろん自治体も無策でいるわけではない。専門の職員が松林を歩きながら、マツノザイセンチュウに感染して枯れてしまった木を目視で特定し、その木を伐採して焼却することで、さらなる蔓延を防いでいる。ただ、これがいかに非効率的な作業であるかは、容易に想像がつくだろう。そこで、被害に遭った木を特定する仕事を、人ではなくドローンに任せてしまおうというのが、新潟市で始めるプロジェクトなのだ。

まず、ドローンを飛行させて松林の画像を撮影し、それを解析することで、どの松が被害に遭っているかを特定する。撮影時にはＧＰＳによる位置情報システムも使っているので、被害に遭った松の場所も一目瞭然。そして、被害に遭っているかどうかを判定するうえで役立つのがディープラーニングだ。マツノザイセンチュウに感染すると、松は八〜一〇月に葉色が赤褐色に変化する。その変色の様子を学習することで、被害に遭った木を特定する精度を上げていくのだ。

動物から農作物を守るドローン

さらに農業用ドローンは、自然環境を荒らす野生動物を駆除するのにも役立つ。

「ドローンで野生動物の生息頭数を調べ、農林業被害や自然環境の破壊を防ぎたい」——こう意気込む大日本猟友会は、世界最大のドローンの製造メーカーである中国のＤＪＩと契約し、二〇一六年度から、ニホンジカ、イノシシ、サルといった野生動物の生息頭数を把握する調査に乗り出した。動物の体温を感知する赤外線カメラを装着したドローンで、山や森林などの上空から撮影、これまでの調査方法よりも正確に、野生動物の生息頭数を把握していく。

旧来の調査方法は、野生動物が残した糞《ふん》やその捕獲頭数によって推計するものだった。このため、「おおざっぱにしか把握できなかった」（大日本猟友会）。たとえば環境省は、ニホンジカについては、「本州以南で約三〇五万頭いる」と発表しているが、これはいくつか出した推計値の中間値を取ったものに過ぎない。推計値の幅たるや、一九四万〜六四六万頭……なのだ。

岩手県、東京都あきる野市、島根県が二〇一六年度から始めた実験では、ドローンによる生息頭数調査の精度を確かめるほか、どの時間に飛ばせば精度が上がるのかについても検討する。ニホンジカ、イノシシ、サルが、いつどこにどれくらいの頭数いるかを正確に確認できれば、猟友会のハンターがその場所で集中的に駆除し、効果的に生息頭数を減らすことができる。

都会にいるとあまり気づかないかもしれないが、野生動物による農作物被害は年間二〇〇億円にも及び、農山村では一大問題だ。とりわけシカについては、それがもたらす自然破壊は深刻な問題となっている。

たとえば水芭蕉《みずばしょう》で有名な尾瀬《おぜ》。ここでシカは、湿原植物を食べ荒らしたり、泥浴びをして湿原を破壊したりしている。また、紀伊半島の大台ヶ原《おおだいがはら》ではシカによる樹皮の食害がひどく、森林に住む鳥がいなくなってしまった。私もその惨状を目にしたことがあるが、木々が枯れ果てて荒涼とした様子は、いまだに脳裏に焼き付いている。

山々で植物が減ってくると、土砂災害が起きやすくなる。全国各地で起きている土砂崩れの遠因の一つは、野生動物が植物を食べ荒らしていることにある。大日本猟友会は「科学的に生息頭数を把握して、より効果的な管理（=駆除）につなげたい」と話している。

国交大臣の認可が義務化した事件

農業用ロボットのなかでも、ドローンは真っ先に市場が拡大する予想で、農家が活用する場面がこれから急速に広がっていくことになる。ただし、その使用に当たっては注意したい。二〇一五年一二月に航空法が改正され厳密化されたためだ。

それまでは特段の法的規制はなく、農薬をまこうが肥料をまこうが、好きなように使えてきた。事態を変えたのは二〇一五年四月。小型カメラやペットボトルのようなものを搭載した直径五〇センチのドローンが首相官邸に落下、微量のセシウムが検出された事件は、記憶に新しいだろう。

さらに同年五月には、長野県長野市の善光寺で七年に一度開催される「御開帳」の法要行事中にドローンが墜落、一五歳の少年が誤って操縦した結果であると名乗り出た。見物客らにけがはなかったものの、善光寺は境内《けいだい》でドローンを飛ばすことを禁止した。

一連の事件をきっかけに、同年一二月、産業用ドローンや無人ヘリなどの飛行基準を定めた改正航空法が施行された。これを機に、特定の条件でドローンを飛行する場合には、国土交通大臣の許可または承認が必要となった。その条件とは、「目視外」「高度三〇メートル未満」「イベント上空」「危険物輸送」「物件投下」などである。

このうち危険物輸送と物件投下は、まさしく農薬を運んだり散布したりすることも含まれる。アグリドローンの誘蛾灯も同様だ。もし違反した場合には最大五〇万円の罰金が科せられる。

本章で紹介したオプティムのアグリドローンがそうであるように、市場が拡大するドローンは、これからマルチプレーヤーとなっていく。農業経営の発展のためには、慎重にドローンを使いこなしたいものだ。

第四章　黄金のビッグデータ

トリリオンセンサーの時代とは

これから世界が迎えるのは、毎年一兆個のセンサーを活用する「トリリオン（＝一兆）センサー」の時代だ。これは二〇一三年に米国で開催された「第一回トリリオンセンサーサミット」で公表された予測である。

一兆個というのは、センサーの需要において現在の一〇〇倍に当たる数字だ。世界人口が七三・五億人（二〇一五年の国連推計）なので、一人当たり年間一三六個を使う計算になる。

インターネットにつながるモノも増えていく。世界最大のコンピュータネットワーク機器の開発会社、米シスコシステムズの予測によると、インターネットにつながるモノが二〇二〇年には五〇〇億台に達する。同社が二〇一二年に発表した調査では一〇〇億～一五〇億台だったので、わずか八年で三～五倍に広がっていくと予測されている。

さらに経済協力開発機構（ＯＥＣＤ）が二〇一三年に発表した調査結果では、四人家族の家庭内にあるネット接続機器は、二〇一三年に一〇台だったのが、二〇二二年には五〇台と、五倍になると予測されている。パソコン、スマートフォン、タブレットだけでなく、電球やコンセントもネットにつながるという。

とにもかくにもインターネットにつながるモノやセンサーが社会に浸透するにつれ、あらゆるデータが手に入るようになってくる。しかも、経年的なデータの増加量は直線ではなく、急激な上昇カーブを描いていく。

もちろん農業でも収集できるデータの量が飛躍的に増えていくことは、すでに書いてきた通りである。では、農家や農業関連企業はこうした膨大なデータを集めながら、自分たちの農業経営や事業に活用するだけでいいのか。データ自体に価値を見出し、新たなビジネスを創造したり、海外の農業発展に貢献したりする方法はないのか——。

本章と次章では、日本農業の成長戦略にとって大きな可能性を持つデータの、秘められた価値について考えていきたい。

グーグルはデータで八兆円の収益

データそのものがカネになる——ＩｏＴの真価を理解している人たちは、とっくの昔にこのことに気づいている。

データがカネになるのはグーグルが証明済みだ。利用者が同社の検索サイトでキーワードを入力して検索すれば、そのキーワードに関連した企業の広告を表示するようになっている。

試しに「除草剤」と「稲」というキーワードで検索してみよう。検索サイトの目立つ場所には、「稲・後期除草剤」「稲・除草剤」といった頭書《かしらが》きで、農薬メーカー各社の除草剤の商品写真がずらりと出てくる。これがキーワード広告だ。利用者がクリックするたびに、広告主に課金するようになっている。

グーグルは、このキーワード広告だけで、二〇一五年には六七四億ドル（＝約八兆円）を稼ぎ出している。

産学官連携で、IoTによる技術開発や新ビジネスモデルの創出を進める「IoT推進コンソーシアム」は、ホームページで、海外におけるデータ流通ビジネスの実例を紹介している。たとえば医療サービスを提供する企業は、製薬・医療機器メーカーに、匿名化した医療記録の電子データを販売している。フェイスブックも、匿名化したユーザーの書き込みを、マーケッター向けのデータとして提供している。こうした事例はいま、いくつでも転がっている。

世界初のデータ取引市場が日本で

IoTの時代には、これまでよりはるかに多くのデータが集まってくるだけに、データそのもので儲けるチャンスが広がるのは当然である。そこで「データ取引市場」の構想が実現した。

仕掛けたのはＩｏＴプラットフォームサービスを提供するベンチャー企業で、米国はカリフォルニア州サンノゼに本社を置く日系企業のエブリセンス。同社は二〇一六年、データを売買する取引市場の運用に乗り出した。この世界初の試みが実施されている場所は、日本だ。

東京・港区にある同社の日本法人を訪ね、ＣＥＯの真野《まの》浩《ひろし》氏にデータ取引市場の構想を聞いた。まず、取引市場で売買する対象は、あくまでも「生データ」。データを加工したり分析したりした結果ではなく、センサーで収集したままのデータである。

このサービスを利用するには会員登録が必要となる。データの提供（＝売却）を希望する会員は、あらかじめスマートフォンの専用アプリなどを通じて、提供したいデータの種類や範囲を設定しておく。

一方、購入を希望する会員は、手に入れたいデータの条件（データの種類や提供者の属性、収集頻度など）を「レシピ」として書き込む。すると、レシピに見合ったデータを売ってくれる会員数がすぐにはじき出されてくる。その会員のなかから、最も条件に見合った相手を選択することができる。

もちろん、農業のデータも取引の対象になる。これまで紹介してきたデバイスやセンサーで収集する作物の収量や品質、農地の気温や湿度や水温など、あらゆるデータが対象になるのだ。

データの売買は現金ではなく、仮想通貨のポイントで行われる。そのため会員は、事前にポイントを買っておく。貯まったポイントは、エブリセンスが提携しているポイント交換サイト「ＰｏｉｎｔＥｘｃｈａｎｇｅ」で、現金やギフト券などに換えられる。会員の登録費は当面、無料だ。

エブリセンスは、データ取引の契約が完了するたびに、取引額に応じてその一部を仲介手数料として受け取る。また、データ取引が完了するたびに、データの利用者からポイント発行手数料を受け取る。役割としては、データが欲しい人とそれを提供できる人をマッチングすること。データを保持することも、データの価格を決定することもない。

駿河湾の水温データが要る農家

ＩＴ関連企業の経営者といえば、なんだか色白な人物を想定していたが、真野氏はよく日焼けして健康的な印象だ。聞けば、東京とともに住居を持つ山梨県北杜《ほくと》市で、農作業をしているという。そんな真野氏に、農業で取引が予想されるデータの内容についてたずねると、こんな答えが返ってきた。

「たとえば、駿河湾《するが》の水温が山梨の畑でのブドウの出来に影響するという説がある。それが事実なら、畑の持ち主は、駿河湾の水温のデータが欲しくなるでしょう。あるいは、作物の生育に影響を与える二酸化炭素の濃度が、大気中でどう揺れ動くかを知るため、ハウス周辺の二酸化炭素濃度のデータを欲しがる農家もいると思います。そんな感じで、あらゆるデータは、いろいろな使い方ができますよ」

ところで、なぜエブリセンスは、データ取引市場を開所したのか。最も大きな理由は、ビッグデータを活用する時代が到来しているというのに、データを取得する環境があまりに閉鎖的であるからだ。

「現状のＩｏＴは『Ｉｎｔｅｒｎｅｔ　ｏｆ　Ｔｈｉｎｇｓ』といいながら、『Ｉｎｔｒａｎｅｔ　ｏｆ　Ｔｈｉｎｇｓ』になっているように思える。医療なら医療、自動車なら自動車の業界内でしか、ネットワークがつながっていない。だけど本当のサービスをやろうとしたら、医療にたとえると、患者がどんなモノを食べ、どんな環境で寝ているかといった、様々な情報が要るようになる。そのためには世の中のデバイスが持つデータがオープンになり、あらゆるデータにアクセスできるようにならないといけないでしょう」

ここで真野氏がいう「Ｉｎｔｒａｎｅｔ（イントラネット）」とは、インターネットを使った企業内ネットワークのことである。現状のＩｏＴでは、自らが設置するセンサーなどからしかデータを得られない。もしデータ量を増やそうと思えば、それだけセンサーなどのＩｏＴ機器を設置していくことになるが、費用や作業の面から、おのずと限界が出てくる。

対して「Ｉｎｔｅｒｎｅｔ（インターネット）」は、世界中が相互につながるネットワークである。Ａ社もＢ社も関係ない。企業であろうが個人であろうが、誰もが参加できるネットワークである。ＩｏＴが開かれた世界を志向するのであれば、当然の指摘といえる。世界初の試みだけに、これから法規制や仕組み作りなどで様々な課題が浮き彫りになってくるだろう。エブリセンスは、それらを克服しながら、活発な取引市場を形成していく。そうして取引市場としての機能が存分に発揮できるようになれば、次は米国とアジアにも同様のデータ取引市場を開所する計画だ。

当たり前ではあるが、日本のデータ取引市場だからといって、日本人や日本企業しか利用できないということはない。もちろん、データの出所がどの国であるかも問題ではない。この点は、東京証券取引所に参加する企業の国籍が問われないのと同じだ。

民法上ではデータは誰のものか

データがカネを生むのであれば、データ取引市場を作る以外にも、様々な観点からの環境整備が欠かせなくなってくる。この問題に関しては、経済産業省と総務省が連携するコンソーシアムで、ＩｏＴや人工知能などについて、日本が世界のトップランナーとなるべく、話し合いを進めているところだ。

そこではたとえば、そもそも集めたデータは誰のものなのかという「データオーナーシップ問題」が持ち上がっている。一例を挙げれば、農機に取り付けたセンサーの場合、それを通じて得られるデータの所有権は農機メーカーにあるのか、それともセンサーのメーカーにあるのか、はたまた農機の所有者である農家にあるのか……といったもの。

実は、これに関しては法的な定義はない。経済産業省の産業構造審議会商務流通情報分科会情報経済小委員会分散戦略ワーキンググループで検討が始まったところだ。そうして二〇一六年七月二七日に開催した第六回までの会合から見ると、個々の契約内容に基づく方向で落ち着きそうである。

というのも、データは電気や熱などと同じで有形的な存在ではないため、民法第八五条では、所有権や占有権の対象にならないとされている。もし農家が自ら収集したデータの権利を握りたいとなれば、使用するセンサーのメーカーとの契約において定めることになる。だからデータを売るつもりであれば、メーカーとの契約内容を事前にチェックしたうえで、センサーを購入しなければならない。

このほかデータ流通の環境整備という点では、信託型代理機関の設置案も浮上している。

データ流通の環境整備を進めている経済産業省によると、この機関は、個人から収集したデータを預かり、情報を匿名化したうえで企業に貸し出し、利用料などを徴収する代理業務を遂行する。

というのも、個人だとデータの価値を見出せなかったり、知識や経験の不足から企業との取引まで踏み出せなかったり、そんなケースが想定されるからだ。こうした事態を解消して、データ流通を加速させるため、東京大学や慶應義塾大学などが中心となって信託型代理機関の設置について議論がなされているという。

製品とともにデータを売る時代

こうした環境が整備されて、データそのものがカネになっていくのであれば、センサーなどを搭載した様々なモノの価格は、その分だけ安くなっていくに違いない。すでにデータ売買を想定したモノの価格破壊は始まっている。

「日経ビジネス」二〇一六年五月二三日号の特集「データ資本主義」では、IoT機器ベンチャーのセレボ(東京都文京区)が二〇一六年に発表したロードバイク「ORBITREC(以下、オービトレック)」を紹介している。

すごいのは、世界で初めて3Dプリンターで部品を製造していること。チタニウム製のジヨイントとカーボンファイバーチューブがそれである。ただ、それ以上に注視したいのは、センサー機器を内蔵していることだ。これで、現在地、加速度、道路の段差といった走行時のデータに加え、天候や照度も測れる。スマートフォンアプリと連携しているので、もし利用者が走行中に転倒したら、仲間に知らせてくれる。あるいは進路に段差があれば、利用者に警告してくれる。

ロードバイクといえば、私も熱を入れていた時期があったので詳しいが、価格は最低でも一〇万円前後はする。高額になると、数十万円や一〇〇万円を超えるものもざらにある。それに対し「オービトレック」の本体価格は、約二万円。これほど機能が満載なのに、驚くべき安さである。

その理由は何か？　センサーで収集したデータを売ることができるからだ。

実際、公道の危険スポットを特定したいという自治体から、すでに購入の申し出が入っている。自転車の事故が起きやすい場所を割り出し、アプリを通じて市民に周知するのが狙いだ。

これは、農業にも転用できる話だろう。たとえば農機に搭載したセンサーで収集するデータを使えば、農作業事故が起きやすい条件が導き出せる。ＡＩとロボットも活用すれば、農地の凸凹《でこぼこ》の条件や運転の速度などに応じ、事故を未然に防ぐサービスを提供できるかもしれない。あるいは、水温や水位などとともに気温を計測するセンサーも、収集したデータを近隣の農家に販売できるようにすれば、積算温度から作業の適期を把握するのに活用してもらえるだろう。

以上の話から予想できるのは、これからの製造業は、製品を売るだけでなく、データを活用したサービスを提供するようになる、ということだ。IoT時代にあって、製造業がモノを売るだけであれば、衰退するのは目に見えている。

もちろん農業界もしかり。すでに一部の企業はデータを分析して、農業経営のアドバイスをする試みに乗り出した。のちほど述べていくように、こうした動きは、業界再編を急速に促していくと見られる。

クボタの農家が儲かるシステム

まず、データをサービスに換えた農機メーカーの代表格といえば、最大手のクボタだ。同社はIoTを活用した営農支援サービス「KSAS（クボタスマートアグリシステム）」を展開中である。KSASについては第一章でもコンバインを紹介しているが、収穫しながら穀物の食味や収量が把握できるというのは、実はこのサービスの一部でしかない。

KSASとは、簡単にいえば、農機をIoTと組み合わせて、規模を拡大する農家に儲かる農業を提案する営農支援システムなのである。そしてデータを集めてくるのは、KSASに対応したトラクターやコンバイン、あるいは田植え機だ。それぞれの農機には、無線LANが搭載されている。

こうして農機の稼働時間がリアルタイムで集計できる。また、スマートフォンやタブレットなどのモバイル端末を使って、誰が、どの農機を使って、どの田畑で、どんな作業をしているかが把握できる。

では、こうしたデータを使って、クボタはどんなサービスを提供しているのか？

一つは、顧客が使っている農機の稼働時間から、点検すべき箇所や時期を把握すること。コンバインを例に取れば、まずは全稼働時間のうち、収穫、旋回、もみの排出といった作業に、それぞれどれだけの時間を費やしたか、その比率を割り出す。このうち旋回が占める比率があまりに高い場合、おそらく狭小な農地で作業をしているだろうことが分かる。すると、ゴム製キャタピラに負担がかかっていることが予想できる。結果、クボタのディーラーは顧客に連絡し、ゴム製キャタピラだけを点検したり早めに交換したりするよう促すのだ。

あるいは突然、農機が故障した場合、クボタのディーラーには顧客から、事故対応を依頼する電話が入る。このとき電話の応対者は、顧客から聞き出さなくても、現在地が分かる。農機に位置情報機能が付いているからだ。農地には番地があるわけではないので、農業法人の従業員でも迷うことがあるから、なんとも助かる機能だ。

農家の収入も予見できるサービス

ＫＳＡＳでは、農機の運転者は毎日、スマートフォンやタブレットでタッチ操作しながら、作業日誌をつけていく。誰が、いつ、どの農地で、どんな作業をしたかを細かく記録するのだ。

その結果として、収量や食味も、クラウド上にデータ管理される。第一章で紹介したように、ＫＳＡＳ対応のコンバインには、食味と収量を測るセンサーが付いている。近赤外線を使って、刈り取って脱穀《だっこく》したもみの水分値と、食味に直結するタンパク値を測る。こうして田畑一枚で刈り取りが終わったときには、水分値とタンパク値の平均と積算重量を通知してくれる。

一連のデータは利用者だけでなく、クボタグループのディーラーも閲覧できる。これによってＫＳＡＳのサービススタッフが、利用者に対し、過去の結果をフィードバックしながら栽培の指導ができる。先述のＰＤＣＡサイクルを繰り返していくことで、会員農家が作るコメの収量と食味を上げるのを手助けできるわけだ。

ＫＳＡＳでは、現在のところ対象作物は稲だが、麦や大豆など畑作でも展開すべく、試験に乗り出している。

　またクボタは、ＩｏＴ時代に向け、生産だけでなく、流通や消費も見込んだサービスを提供する方針だ。

　先に紹介した同社取締役専務執行役員の飯田氏は、こう語る。

「最終的には、データを基に流通や消費の動向も踏まえながら、いつ、どの品目や品種を、どれだけ植えたらいいかを判断できるようにするつもりです。そうなれば、作付けから収穫まですべての計画が立ち、人や機械の配置もそれに合わせてできるようになる。また、その年の収入がどれくらいになるかも、かなり正確につかめる。ＫＳＡＳについては、こういう壮大な野望を持っているところです」

　そして今後は、流通や消費に関するデータも取得することを検討する。ただしそれに関しては、ＫＳＡＳに包括するつもりはない。そうしたデータを提供するクラウドサービスと連携して、対応していくのだ。

　狙うのは、他社や自治体、あるいは研究機関など。それぞれが持つ技術やサービスを融合することで、革新的なビジネスモデルや研究開発を生み出すオープンイノベーションだ。

　飯田氏は、次のように予見している。

「政府、自治体、農家、ＩｏＴの関連企業、流通と一緒になって、新しい農業を創造したい。新しい農業では、IoT、ロボット、AIは、すべてドッキングします。人間は経営計画を立てる。それに対してAIがアドバイスをして、人間が最終的な経営判断をするという世界になるのではないでしょうか」

牛の首輪にセンサーを内蔵して

もう一つ、データをサービスに換える事例を紹介しておきたい。

「農業界のグーグルになる」――こう語るのは、北海道帯広市発のITベンチャー、ファームノートだ。世界で最も多く農業に関するデータを集め、利用者が困っているときに最適解を提供する、そんな「世界の農業の頭脳になる」という目標を掲げている。そこでまず開発したのが、畜産農家向けの営農支援サービス「Farmnote」だ。

「Farmnote」は、一言でいえば牛群管理のツールである。利用者がすることは、スマートフォンでタッチ操作し、個々の牛の発情や治療の状態、そして移動や肥育の実績を記帳すること。それらの記録を基にして、繁殖の予定時期や牛群の移動履歴、あるいは血統などの個体情報を整理してくれる。タッチ操作するだけで牛の個体データに簡単にアクセスでき、牛群を管理するのも随分と楽になる。

こうした管理方法は、一般の産業界では当たり前なのだろうが、農業界では画期的であ

「Farmnote Color」のセンサーを付けた牛

る。では、いままでの牛群管理の実態はといえば、畜産農家はかなり厄介な作業を繰り返してきた。一頭ごとの牛について、ノートに手書きしてきたのだ。

しかもコメ農家と同じで、現在はメガファーム化が進んでいる。一戸の農家が飼っている牛の平均的な頭数はひたすら増える一方で、二〇一六年二月一日現在、乳用牛は七九・一頭、肉用牛は四七・八頭となっている。その分だけ記帳する負担は増え、ノート管理は煩雑《はんざつ》になっている。

こうした手間や面倒を軽減し、牛一頭ごとの実績を「見える化」したのが「Farmnote」なのだ。

このサービスは、IoTとともに、さらに進化していく。ファームノートは、二〇一六年、「Farmnote」と連携した「IoA」による新たな営農支援ツール「Farmnote Color」を発売した。

ここでいうIoAとは同社の造語で、「Internet of Animals」の頭文字を取ったもの。「IoT」の「T」を「A=動物」に置き換えたわけである。「Farmnote Color」は、牛にセンサーを内蔵した首輪を取り付けて、畜産農家がスマートフォンを通じ、その牛の発情や疾病《しっぺい》の兆候を知ることができるというものだ。

その仕組みは、まず首輪に内蔵したセンサーが、牛の動きに合わせて活動量を計測する。それを解析して、たとえば発情や疾病の兆候を把握するのだ。

牛は発情すると、運動量が増える。これをつかめば、人工授精するタイミングがより的確に分かる。当たり前ではあるが、メス牛が妊娠しないと乳が搾《しぼ》れなくなってしまう。畜産農家にとって、発情のタイミングを見逃さないことは、乳量を増やすためにはとても大事なことなのだ。

そのために開発したのが「Farmnote Color」。これにはAIも備わっている。特定の計算処理に則《のっと》って活動量を分析することで、発情や疾病の兆候を早い段階で知ることができるのだ。

「Farmnote Color」は「Farmnote」とも連携している。利用者がスマートフォンを牛に近づければ、牛の首輪に内蔵したセンサーに反応して「Ｆａｒｍｎｏｔｅ」上の牛の個体情報が表示される。日々の記録である「Ｆａｒｍｎｏｔｅ」と組み合わせることで、より精度の高い牛群管理ができるようになるのだ。

目指すは「農業界のグーグル」

以上の話で注目したいのは、ＫＳＡＳと同じように、単なるデータ集めではなく、「Ｆａｒｍｎｏｔｅ」で農家に経営指導ができる点だ。前項で紹介したように、ファームノートは農家に最適解を提供することを狙っている。それぞれの牛が置かれた状況下で何をすべきか、それを畜産農家に逐一知らせようとしているのだ。

発情や疾病の兆候がある牛がいれば、スマートフォンを通じ、その個体番号を知らせてくれる。そのために必要なのは、まさしくデータだ。データこそ、牛が置かれた状態を把握し、最適解を導き出すのに不可欠な資産である。

そこで、ほかのモノと連動させることも検討している。たとえば乳牛が牛舎内の定位置についたら、センサーで乳頭の位置を探知し、そこに搾乳《さくにゅう》機器を取り付ける自動搾乳ロボット。一頭ごとに個体を識別できるＩＤチップを装着することで、それぞれの乳牛がどれだけ実績をあげているか、それが一目瞭然になる。

もし乳量が少ない個体があれば、乳房炎にかかっている可能性がある。「Ｆａｒｍｎｏｔｅ」や「Ｆａｒｍｎｏｔｅ　ｃｏｌｏｒ」のデータと組み合わせることで、そうした疾病《しっぺい》の兆候が、より正確に予測できるようになるかもしれない。

先に紹介したように、ファームノートの目標は、「農業界のグーグル」である。そうである以上、サービスを提供する対象は畜産農家だけではない。

その目標に向けて同社は、二〇一六年八月、畜産分野で培ったＡＩとＩｏＴのノウハウを農作物の分野でも活用していく「Ｆａｒｍｎｏｔｅ　Ｌａｂ」を設立した。様々な企業や大学などと連携しながら、規模の拡大が進む農家のため、経営の合理化を図る手伝いをしていく。

農家の経営支援ができないＪＡ

以上、ビッグデータ分析によって農業経営に新たなサービスを提供する事例を見てきた。いずれも生産性を飛躍的に高め、高度な次元に経営を導く可能性の大きさについては、過去に類例のないものである。

翻って確認しておきたいのは、これまでのＪＡによる営農支援体制だ。いまの営農支援体制は、食料増産や産地作りには有効だったが、食が多様化するなか、多くの場合において、時代のニーズに合わなくなっている。

ＪＡは農業協同組合としての存在意義を主張し、様々な利権や優遇措置《そち》を勝ち取ってきた。だが、そうした甘い汁を吸ってきた結果、農家の経営を適切に支援することができなくなっている。ＪＡが農業協同組合としての性格を失ったのであれば、様々な特権は剝奪《はくだつ》すべきだろう。ＪＡという組織についてざっくりと確認しながら、こう主張する根拠について述べていきたい。

ＪＡとは「Ｊａｐａｎ　Ａｇｒｉｃｕｌｔｕｒａｌ　Ｃｏｏｐｅｒａｔｉｖｅｓ」の略で、日本の農業協同組合という意味である。国内には農業に関する協同組合は多く存在するが、なかでも最も大きいのがこのＪＡである。二〇万人以上の職員と、一〇〇〇万人を超える組合員を抱える、まさしく日本を代表する巨大な組織だ。

そのＪＡは、ピラミッドのような組織体制を敷いている。上部から見ていくと、全国レベル（全中、全農、農林中金、全厚連、共済連）、都道府県レベル（中央会、経済連、信連、厚生連）、市町村レベル（総合農協）という階層になっている。

全中や中央会は、いわば政治団体である。全中といえば、一昔前であれば、米価闘争の審議会に委員を送り込んだり、農業予算を獲得するため農水大臣に会談を申し込んだりと、活発に政治活動を行ってきた。

全農と経済連は、経済活動を行う。農家の生産した農畜産物を販売したり、農家に必要な農業資材を供給したりするのが主な業務だ。

このほか銀行業務を担う農林中金と信連、生命保険や損害保険、そして年金共済を扱う共済連などの組織が存在する。

ＪＡのサービスは「ゆりかごから墓場まで」といわれるように、まさに総合商社といった趣がある。総合農協はこうした一連の事業を市町村レベルで執り行う組織であり、二〇一六年度時点で、全国に六五九ある。

ＪＡから離脱で用水がストップ？

さて、営農指導体制についてである。国内では都道府県とＪＡが互いに連携しながら、各地域の農家を束ねて、産地を形成してきた。それぞれのＪＡには、コメ、野菜、畜産といった品目ごとに生産部会が組織されている。

たとえば、あるＪＡの管内でコメを作っている農家のケース。基本的には、コメの生産部会に所属することになる。部会員である農家は、自治体と農協が産地化を図る品種を、一斉に作ることになる。その作り方については栽培暦が定められ、使用すべき農薬や肥料の種類まで指定されている。加えて、そうした農業資材はおおむねＪＡが扱っている商品だ。

では、農家はどういうときに農薬や肥料をまくのか。まず肥料については、栽培暦に従うことになる。ＪＡから毎年のように配布される栽培暦のカレンダーには、最初に投じる「元《もと》肥《ごえ》」、しばらくしてから入れる「追肥《ついひ》」の散布時期が明記されている。農家はこれに従って作業をこなす。

それから農薬。これまた都道府県やＪＡのいいつけを守ることになる。いずれの都道府県にも、病気や害虫の発生を予察する病害虫防除所という公的機関が存在する。この病害虫防除所は、都道府県内にいくつか設けているサンプルエリアにおいて病気や害虫の発生状況を調べ、作物にとって大きな被害をもたらす恐れがあるほど蔓延した場合には、市町村やＪＡを通じて農薬の散布を呼びかける。ただ、あくまでもサンプルエリアで調べただけなので、個々の農家にとってみれば、信頼度に高低があるのは否めない。

それでもＪＡや農家は、この情報に従って、殺虫剤や殺菌剤を散布して対処する。とりわけ稲、麦、大豆では、地域ごとに防除組合が組織されていることが多い。

この防除組合は、効率的に農薬が散布できる無人ヘリを所有しており、それを飛ばして地域の田畑に一斉に農薬をまいてしまう。個々の農家にとってみれば、自ら防除する必要がないので、作業時間や労力は省ける。ただ一方で、農薬をまく時期や種類を選べないというデメリットもある。防除組合は、エリアを問わず、特定の農薬を一斉にまいてしまうからだ。

個々の農家の要望や事情などに構っていられない。

こうした護送船団方式の営農指導が、作物にとっても経営にとっても、必ずしも優れているわけではない。なぜなら、同じ地域といっても、農家の経営はそれぞれ異なっている。栽培している品種や土壌や自然環境の条件は、それこそ千差万別である。それでも現状の営農支援体制では、特定の地域を一緒くたにしているのだ。しかも以上の話は、護送船団方式の営農支援体制の、ほんの一例である。

ただ、農家がこうした方式を嫌い、JA指定の肥料や農薬を使うのを止めたり、生産部会から脱会すれば、村八分に遭うことも珍しくない。たとえば私の知人たる農家は、生産部会から脱会した途端、JAが彼の取引先に圧力をかけ、そこからの契約を打ち切られた。別の人は、JAが大口の顧客となっている運送業者から荷物の輸送を断られている。あるいは、共同利用している農業用水を止められたという話を聞いたこともある。

なにしろJAにとって、数は、政治的にも経済的にも大事だ。生産部会で農家を束ねて大量生産することで、市場で幅をきかせてきたのだ。

おまけにJAは、農業の高コスト体質を作ってきた。その源泉は、行政による補助金だ。

一般的に農業の補助金が支払い対象にしているのは、個別の農家ではなく、複数の農家や農業団体である。その農業団体には、もちろんJAも入る。多くの場合においてJAは、補助金の受け皿であり、窓口にもなっているのだ。

だから、ＪＡが農業資材を高額で販売しても、補助金でその一部が補塡されるので、農家はそれだけ安価に購入できる。農家にコスト削減の意識が芽生《めば》えなくて当然である。

しかしこれは、同時に、農家をＪＡにつなぎとめておくことにもなった。ＪＡから離れれば、補助金が申請しにくくなるからだ。自治体によっては、ＪＡに所属していないと、特定の補助金の話が入ってこないということもあるそうだ。

ＪＡを見限る農家が激増中

だが、いまやＪＡの生産部会は弱体化している。まず、部会員である農家自体が減っている。農家数が減っていることに加え、だんだんと増えつつある経営意識を持つ農家が、ＪＡから離脱するようになってきた。

さらに時代の変化がある。食糧難だった時代であれば、産地や生産者は強気に出ることもできた。だが、いまはそんな時代ではない。転機が訪れたのは一九七一年。この年を境に、日本人の一日当たりの摂取カロリーは減少に転じている。いまや終戦直後の一九四六年より少なくなってしまっているのだ。

現在では、食は、腹を満たすものから、味わったり目で見て楽しむものに変化している。

さらには、生産者がどういう思いで作った、あるいは有名人が愛好している、などといったストーリー性を含め、様々な情報が、食をめぐる価値なのだ。

食に対する要求は多様化し、時代の流れは消費者優位に向かっているといっていい。作り手の理論を優先するプロダクト・アウトではなく、顧客重視のマーケット・インが求められている。

そして、流通の中抜きが進み、生産者と消費者が近づけば近づくほど、この傾向は強まるだろう。つまり、実需者の要望にきめ細かく応えられるＪＡや農家だけが生き残れる時代に入っているのだ。

では、そうした才覚ある農家は、日々の経営で、外部からの支援として何を必要とするだろうか。まさか画一的なサービスではあるまい。自分たちの経営に合った支援を求めるのは当然である。

とりわけＴＰＰなどの貿易交渉や、大量離農・規模拡大といった内外の環境が大きく変化するなか、経営を助けてくれる、より強いパートナーを希求する傾向が強まっている。これは時代の流れである。

ＪＡが、組織をなす農家から見放されれば、存在意義を失う。ＪＡは、本来的には農家のためにある組織であった。だが実態は、いささか異なる。

農家に貸し渋るＪＡの針路

まず、ＪＡを構成する組合員から見ていきたい。ＪＡの組合員は二〇一四年三月末時点で一〇一四万人となり、初めて一〇〇〇万人を上回った。一〇〇〇万人を超えたということは、およそ日本に暮らす一〇人に一人、つまり人口の一割がＪＡの組合員であるということだ。これは相当な規模である。

注目したいのは、その構成である。実は組合員の種類が二つ存在する。正組合員と准組合員だ。

ここでいう正組合員とは、農家。それに対し准組合員は、非農家である。地域の住民は、地元のＪＡの規定に従って出資金を支払えば、そのＪＡの各種事業を利用できるようになっている。ただし准組合員は、正組合員と違って、総会での議決権や役員の選挙権を持たない。これこそ、ＪＡが非農家の利害に影響されないようにするための措置である。

だが実態を見れば、もはやＪＡは非農家によって成り立っている。実は二〇〇九年に正組合員と准組合員の数が逆転し、構成メンバーとしては非農家の数のほうが多くなってしまったのだ。

この傾向は年々顕著になってきており、二〇一四年三月末で見ると、正組合員は四五六万人。対して准組合員は五五八万人となった。史上初めて一〇〇〇万人を突破したのは、准組合員が増えたからなのだ。つまりJAは、ますます農業協同組合という性格から離れていっている。

当然ながらJA自体、農業協同組合の色を薄めている。農業関連事業を重視せず、金融・共済事業で儲けていくことになった。これでは一般の銀行や保険会社と何ら変わりない。

いまやJAの貯金残高は九一兆円(二〇一三年度)となり、預金残高九八兆円の三井住友銀行や一〇〇兆円のみずほ銀行などトップクラスの都市銀行に比肩《ひけん》する巨大金融機関に成長した。保険を扱うJA共済連の総資産も右肩上がりで、五二兆円にも達した。これまた、国内最大手の生命保険会社たる日本生命の五六兆円と比べても遜色《そんしょく》なく、三四兆円の第一生命や明治安田生命をはるかにしのぐ規模である。また損害保険の正味収入保険料についていえば、JA共済連は約一兆六〇〇〇億円。約二兆円の東京海上日動に次いで二位である。

対して農業への貸し出しは驚くほど少ない。JA金融の総本山である農林中金の貸し出し残高のうち、農業分野に回っているのはわずか〇・一%に過ぎない。市町村レベルの総合農協や都道府県JAを合わせても、農業向けの貸し出しは全体の四%に過ぎない。

この事実を受けて、自民党農林部会長の小泉進次郎氏は、二〇一六年一月に「(農林中金が)農家のためにならないのなら要らない」と言い放った。

では、貸出金がどこにいっているかといえば、そのほとんどは住宅ローンや教育ローン、あるいは自動車ローンなどである。ＪＡは、大手銀行に貸し出しを断られた准組合員のために、小口ローンを用意したわけである。

ＪＡは、地域住民に農業以外のローンを営業することで、准組合員の加入件数を伸ばしてきた。二〇〇一年からは准組合員の資格要件は緩和され、地域住民でなくとも、物品の購入などで当該ＪＡを継続的に利用すれば、それでいいことになった。これにより、准組合員は一層増えた。

しかしそもそも、正組合員が農家であるかすら怪しい。なぜなら、正組合員数が農家戸数を上回っているからだ。

一般的に、農家一戸当たり一人が正組合員となるのが前提だ。となると、農家戸数は二一五万五〇〇〇戸（二〇一五年）なので、正組合員数は自然とその数字に近くなるはず。ところが実際は、先ほど示したように四五六万人……農家戸数の倍以上の数字になっている。

これはすでに離農した元農家、いわゆる「土地持ち非農家」も組合員として残しているからだという指摘がある。というのも、農家数に土地持ち非農家を加えると、正組合員数の八割程度になるからだ。もちろんこれは、ルール違反である。

だが、ＪＡは土地持ち非農家から正組合員の資格を剝奪《はくだつ》するつもりはない。というより、そうするわけがない。それをきっかけに、正組合員がＪＡの組合員であることさえも止めてしまえば、出資金が減ってしまうからだ。それは同時に、ＪＡの事業収入が減少することを意味する。

こうした農業協同組合とはかけ離れた組織に対する批判が激化した結果、二〇一五年八月、改正農協法が成立した。ＪＡに対しては、農家あっての農協組織という原点に立ち返り、「農業所得の増大に最大限の配慮」を迫ることになったのだ。

データを使い始めたＪＡの試み

とはいえ、ＪＡが農家の組織であれば、農業所得増大を目指すなどは当たり前の責務である。問題なのは、いまのＪＡに、それを成し遂げるだけの力があるかどうかということだ。

これから農業分野に集まる膨大なデータと、そこから導き出される最適解は、ＪＡの営農指導員が積み重ねてきた知見を上回っていくのは間違いない。それも可及的すみやかに、圧倒的に、だ。そうであれば、ＪＡも農業ＩｏＴの共通プラットフォームに参加し、新時代の農業に貢献したほうがいい。

すでに一部のＪＡは、ＩｏＴの持つ意味を理解し、行動に出始めている。

たとえば、東北地方有数のコメどころである宮城県栗原市に拠点を置くＪＡ栗っこ。同Ｊ

Aは、農協として営農指導が弱体化している認識を踏まえ、ソフトバンクグループのPSソリューションズが扱うIoTによるクラウド型の営農支援サービス「e‐kakashi（以下、イーカカシ）」を導入した。狙いは営農指導員の育成と知の伝承だ。

「イーカカシ」では、まず気温、日射量、土壌水分、二酸化炭素濃度などを計測する農業用センサーを、圃場に設置する。このセンサーは「センサーノード」という子機につなぐ。

そして、この子機が収集する情報は「ゲートウェイ」という親機を通じ、「データベースサーバ」に届けられる。その情報が、インターネットを通じ、利用者のパソコン、スマートフォン、タブレットで確認できるのだ。

たとえばスマートフォンで専用ページを開けば、「温度二五・八％」「湿度六四・三％」「土壌水分（VWC）五九・七％」などと表示されている。これらの数字は一〇分おきに更新されるので、いつでも最新の情報を確認できるわけだ。

おまけに「イーカカシ」の「データベースサーバ」には、農業試験場の研究成果や、農家の知見を基にした栽培情報も蓄積できる。農業用センサーを通じて集める情報を基に、もし温度や湿度がそれぞれ閾値《いきち》を超えていれば、色で示して警告してくれる。正常値なら緑色だが、危険度が増すにつれて橙《だいだい》色、さらに赤色へと変わっていくのだ。

そして、異常を知らせる赤色になったら、対処法が表示される。たとえば水稲《すいとう》なら、登熟期間中に水温が約二六度以上になると、一部が白濁する白未熟粒が発生しやすくなる。それが一定割合を超えて混ざると、等級とともに単価を落とす。回避策としては、田んぼに水をかけ流すことが有効だ。このため、水温が約二六度を超えたら、「イーカカシ」はその対策の必要性を知らせてくれる。

温度や湿度などの項目ごとに、時系列でどう推移してきたかも、グラフで表示される。積算温度が計測されているので、たとえば水稲では、登熟開始日や収穫日などを予測できる。

一連のデータは、利用者の一存で、農業試験場や農業改良普及センターなど第三者にも閲覧を許諾できるようにしている。その結果、そうした指導機関から、利用者はアドバイスを受けることができる。

一つの産地で利用者が増えれば増えるほど、データ量もまた膨大になる。その知識体系を共有することで、産地全体のレベルアップにつなげるのだ。

この「イーカカシ」で特徴的なのは、個々の農家ごとに「ｅｋレシピ」を作れることだ。利用者は毎年データを積み重ねていくなか、たとえば「甘味の強いニンジン」「うまみの強いコメ」といったメニューである「ｅｋレシピ」の完成度を上げていくことになる。

いずれのメニューでも、開けば、それがどれほど甘かったり、うまかったりしたか、そのデータが一覧できる。そして、こうしたニンジンやコメを作るうえで、気候や土壌、あるいは気温などの条件がどのようであったかも確認できる。

ＪＡ栗っこは「イーカカシ」で集める一連のデータを活用し、営農指導員の技能を高める。また、マーケットから求められる品質の農産物を作るレシピも手掛けるという。

「イーカカシ」については、二〇一七年度から、次世代の農業経営者を育成する教育機関でも活用していく。すでに九州各県の教育機関と交渉しており、一部に提供することが決まった。

圃場に設置された「e－kakashi」

ＰＳソリューションズのグリーンイノベーションチーム課長、戸上崇《とがみたかし》氏は、次のように話している。

「学生さんたちは、専門的な知識を学習する場はあるものの、実際の栽培と知識が結びついていないので、実感が湧いていない。収量や品質が上がる理由をデータで見えるようにすることで、儲かる農業の姿を実感してもらいたいのです」

「イーカカシ」の効果を知った学生たちは、将来独立して農業を始めたら、これを導入するかもしれない。潜在的な顧客の掘り起こしを、いまから始めているわけだ。

ＩｏＴ時代にデータをどう活用していくのか、そこから農業にどれだけ貢献できるサービスを生み出せるのか……こうした問題を自問できない組織は早晩消えていくことになる。小泉進次郎氏ではないが、「農家のためにならないのなら要らない」のである。

第五章　メイド・バイ・ジャパニーズで世界に

一兆円の輸出額は目前に

日本農業が飛躍する突破口として、輸出の促進が叫ばれている。

農林水産省のソフト事業に限った当初予算で、輸出対策費は、二〇一四年に二二億円だった。それが二〇一五年には三九億円、二〇一六年には四五億円と伸びている。

二〇一六年八月に組閣された第三次安倍第二次改造内閣で農水大臣に就いた山本有二《やまもとゆうじ》氏は、就任会見で、「輸出促進は『攻めの農林水産業』の柱だ。国内外での拠点整備などで輸出を支援する」との考えを示した。

これを受けて農林水産省は、二〇一七年度予算の概算要求では五五億円と、さらに増やしている。国がこれだけ力を入れるのは、日本が超高齢社会と人口減少時代に突入しているからだ。

世界保健機関（ＷＨＯ）や国際連合の定義では、総人口に占める六五歳以上の割合が二一％を超えると、超高齢社会となる。日本は世界に先駆けて二〇〇七年にその割合が二一％を超え、二〇一五年一〇月一日現在、二六・七％にまで伸びている。国立社会保障・人口問題研究所の推計値によれば、二〇二五年には三〇・三％、二〇三五年には三三・四％に達する。当然ながら、人は年齢を重ねれば重ねるほど、食べる量が減っていく。

これと連動して、日本は二〇〇八年から人口減少時代に入っている。現在の人口は一億二七〇〇万人（二〇一六年八月一日）。それが国立社会保障・人口問題研究所の推計値によれば、二〇三〇年には一億一六六一万人、二〇四〇年には一億〇七二七万人になる。

人口予測は大きく外れることはないとされている。人口はまさしく、人の口。それが減ることは、当然ながら食料需要の低下を招き、耕されない農地が増えていくことを意味する。このままでは農業総産出額が減っていくのは避けようがない。

そこで登場するのが輸出。国内の食料消費が減るのであれば、国産の農畜産物を海外に持っていこうというわけだ。

これまで日本の農畜産物の輸出実績は、お世辞にもほめられたものではなかった。二〇一三年までは、長いあいだ、年間五〇〇〇億円前後を行ったり来たりしている。年間八兆円を超える農業総産出額がありながら、その五〜六％しか、海外向けに回せていなかったのである。

これに関しては、またしても、減反政策の影響が大きい。というのも、基幹作物であるコメが余っているのなら、普通であれば余剰分は輸出することを考える。それが日本では、コメがだぶついてきたら、さらに減反を強化して、生産量を減らす政策を繰り返してきた。総じて日本の農業全体にはびこる保護政策が続いた結果、農家や産地の輸出意欲は失われてしまったのだ。

最近になって、政府は減反政策の強化はしているものの、同時に農林水産物の輸出額についても、二〇二〇年までに一兆円とする目標を掲げてきた。すると二〇一四年には、円安や和食ブームもあって、戦後初の六〇〇〇億円台を突破。翌二〇一五年には七四五二億円に達した。これを受けて安倍首相は、二〇一六年になって、一兆円の目標達成を一年前倒しすることを明言した。

輸出の促進に当たって注目されているのは、成長するアジアにおける食料消費の変化だ。日本が過去にそうだったように、人口と所得が増加しているアジア諸国では、食料消費の主軸が穀物から農畜産物にシフトし、野菜や果物を中心に、需要はますます多様化している。食に関しては、量から質への価値の転換が起きている。

たしかに、こうした動きは、日本にとってみれば輸出のビッグチャンスである。なぜなら日本にとっては、付加価値の高い農畜産物を作り出すのは、お家芸ともいえるからだ。「青森のリンゴ」や「神戸ビーフ」に代表されるニッポンブランドが世界に通用していることからも、そのことは腑《ふ》に落ちるのではなかろうか。

米国の半導体産業に学ぶべきこと

ただし、すでに見てきたように、ＩｏＴの時代には、データそのものが価値を持つに至る。そうであれば輸出戦略として、国産の農畜産物とあわせて、データやそれを分析して導き出した最適解の「知」もまた、積極的に海外に持っていくべきだろう。

第一章で触れたルートレック・ネットワークス（以下、ルートレック）も、こうした考えを持っている。

代表の佐々木伸一氏は明治大学工学部を卒業後、半導体メーカーの日本モトローラ、ウエスタンデジタルジャパンを経て、一九九〇年にベンチャー育成事業を行うアイシスに参画して、のちに代表取締役に就任。一九九六年には米国カリフォルニア州のクパチーノに拠点を設立し、シリコンバレーのＩＴ関連企業に対して日本進出の事業化を担当、数多くのＩＰＯ（株式公開）とＭ＆Ａに貢献した。スマートフォンＯＳベンダーの米Ｇｅｏｗｏｒｋｓ社日本代表なども務め、創業当初の事業を軌道に乗せるまでを担当してきた。

そうした経歴から、ＩｏＴ時代の日本農業が向かうべき先を、次のように見ている。

「日本農業が世界に飛躍するには知の輸出、つまり栽培技術というソフトの輸出こそがカギを握っています。たとえば日本の半導体業界は、知とモノを同時に製造することに固執して、衰退しました。品質と歩留《ぶど》まりを特徴とするなら、台湾半導体メーカーが行ったように、積極的にファウンドリ（半導体チップを生産する工場）ビジネスを推すべきでした。

米国の半導体メーカーで成功しているのは、知の開発に集中して、製造は外部のファウンドリを使うファブレスメーカー。同様に、今後の日本の農業で創造しなければいけないのは知です。米国半導体メーカーの成功から、今後、日本の農業界が学ぶべき点は多いのではないでしょうか」

ルートレックがＩｏＴによる営農支援サービス「ゼロアグリ」のターゲットとしているのは、まさにアジア。知の輸出によって、アジアの施設園芸の発展に貢献しようとしている。

改めてゼロアグリについて簡単に確認しておくと、これは養液土耕システムで使う。二つのセンサーで、ハウス内の地温、土壌のＥＣ（肥料分の総量）、土壌中の水分量、それから日射量といったデータを計測し、独自のアルゴリズム（計算処理）で培養液を送る最適な量と時間を算出する。それらの最適値を培養液の供給を一元的に管理している制御装置に伝え、作物に適期に適量の培養液を与えていくものだ。

ビッグデータ解析によって高度な技術体系を構築し、それをアジアでも展開するつもりだ。代表の佐々木氏は、「日本で構築した知をショーケースのようにして海外に持っていきたい」と力強い。

ベトナムでローテクの施設園芸を

この言葉通り、同社はすでに動き始めている。第一弾として舞台に選んだのはベトナム。二〇一六年から国際協力機構（ＪＩＣＡ）の「中小企業海外展開支援事業」に採択され、同国中南部に位置するダラット高原で、ゼロアグリを導入する可能性の調査に取り掛かっている。

ダラット高原といえば冷涼な気候をいかして、野菜と花卉《かき》についてはベトナム随一の産地として発展しているエリアだ。ルートレックはラムドン省人民委員会、農業・農村開発局、ダラット大学などと連携する。

狙う市場は施設園芸。といっても、オランダが世界に普及させているようなハイテクなハウスではない。それよりも、世界的にはるかに多く利用されている簡易なビニールハウスを使う。

施設園芸には、いくつかの種類がある。最近話題になっているのは植物工場だ。これは、施設内で植物の生育に必要な環境を作り出すため、ＬＥＤ照明や空調、そして養液栽培システムを使いこなしながら、季節を問わずに生産ができるシステムを指す。ただし、一〇アール当たりで一億円以上することもあり、二〇一五年現在、日本では四四ヘクタールしか広がっていない。温室の設置面積の合計は四万六五〇〇ヘクタールなので、微々たるものである。

また、暖房、天窓、カーテンなどを自動でコントロールする「複合環境制御装置」を備えた施設もある。これも高額で、八一六ヘクタールにとどまる。

最も多いのは、複合環境制御装置のない安価な温室だ。これは四万八二三三ヘクタールと、園芸用温室全体の実に九八％という圧倒的な割合を占めている。

現在、国内外では大手企業が事業参入しているのは、ほとんどが室内環境を制御できる植物工場やガラス温室。ルートレックがビニールハウスに目を付けているのは、大手との競合を避けるためである。ただ、それよりも大きな動機は、海外に普及させることだ。

世界的にも、複合環境制御装置のない簡易な温室が主流だ。たとえばベトナムでは、竹とパイプを組み合わせたハウスが一般的である。ルートレックが扱うゼロアグリを使えば、このような温室でも、安価に環境を制御できるのだ。

緑の革命を先導した日本の品種

ルートレックが海外に進出するのは、食料問題も背景にある。佐々木氏は、二〇一六年六月、中国の西安《せいあん》市で開催されたG20農業大臣会合のアントレプレナー公開討論会に、日本代表として参加している。同会合でテーマになったのは、飢餓や貧困の撲滅を含む「持続可能な開発のための2030アジェンダ」の達成。会合では、この大きな課題について、G20の加盟諸国が、食料安全保障や持続可能な農業・農村の成長にいかに貢献できるかを話し合った。

「参加してみて感じたのは、世界的に人口が増加するなか、作物をどう供給していくかに多くの国が危機感を覚えているということ。このままだとダメだ、と。二〇五〇年に人口が九七億人になったときには、現在から七〇％増収する必要がある。それに向けて中小規模の農家の生産性を高めるのが我々の使命であり、そのためにはＩｏＴが欠かせないと考えています」

食料をどう確保するかは、まさに有史以来の問題でもある。そもそも狩猟採集生活から農耕生活に移行したのも食料確保のため。一万年前に氷河期が終息し気候が温暖になると、世界の人口は四〇〇〇万人に達していた。少ないと思われるかもしれないが、狩猟・採集で生活していた人類にとっては、これが限界だった。そこからだんだんと農耕に移行し、人口を増やすことができたのだ。

現代において飛躍的に食料増産を果たしたエポックメーキングな出来事に「緑の革命」がある。これは、一九六〇年代に収量が高い品種の育成や化学肥料の投入によってなされた、穀物の大幅な増産を指している。

緑の革命、その発端が日本の育種家にあったことが国内であまり知られていないのは、非常に残念である。その育種家の名前は稲塚権次郎《いなづかごんじろう》（一八九七〜一九八八）。現在の富山県南《なん》砺《と》市の貧しい農家に生まれた彼は、東京帝国大学農学実科を卒業後、農商務省の農事試験場で「コシヒカリ」の先祖である「水稲農林一号」を完成させる。そして、岩手県農事試験場に赴任していた一九三五年に育成したのが「世界のノーリンテン」こと「小麦農林一〇号」だ。

では、なぜこの品種は「世界のノーリンテン」と呼ばれるようになったのか。それは一般的な品種と違って、肥料をたくさん与えても倒れることなく、おまけに収量が多いからだ。

のちにノーベル平和賞に輝く米国の農学者ノーマン・ボーローグ博士（一九一四〜二〇〇九）は、「小麦農林一〇号」を基に、その他の作物でも多収性の品種を次々に開発し、世界各地に普及させた。

ちょうど一九六〇年代半ばにインドが大凶作に見舞われたことで、食料不足に対する懸念が高まっていたときだった。そこに多収性の麦が広まったことで、とりわけインドやパキスタンでは小麦の生産量が四倍にもなった。その結果、数億人を飢餓から救ったとされている。「ノーリンテン」の血を引く品種は世界で五〇〇を超え、五〇ヵ国に普及した。

とはいえ、食料問題に終わりはない。世界経済フォーラムが二〇一六年に発表した報告書「Food security and why it matters」によると、世界人口は二〇五〇年までに九〇億人に達し、食料の需要は現在と比べ、六〇％以上増えると見られている。対して食料の生産に欠かせない土地や水といった資源は限られてくる。二〇五〇年には、地球温暖化などの影響で、食料生産が可能な土地も減少する。現在の生産能力では、世界人口の半分に当たる量しか生産できないという。

この問題に対して再び日本人が貢献できることは、ＩｏＴによって「第二の緑の革命」を興すことではないか——。

東京大学大学院農学生命科学研究科の岩田洋佳准教授（生産・環境生物学専攻）は、先に触れた「ゲノミックセレクション」によって、食料問題の解決を図ろうとしている。作物の収量や品質を飛躍的に高める可能性を秘めた育種技術の内容については、第二章をご覧いただきたい。ポイントは、ＩｏＴによるデータの収集と解析が、種子の持つ能力を高めるのに不可欠だということである。

岩田氏は国内の企業と連携し、アメリカ大陸の某国で、ある作物の収量を高める実験を始めた。「企業秘密」なので細かい点を伝えられないのが残念だが、ゲノミックセレクションを用いて多収性を有する品種に改良するだけでなく、その種子にとって最適な環境や栽培の方法までをも模索する。

農地に設置するセンサーやドローンを活用し、収集するデータを解析すれば、最適な環境や栽培の方法などは自ずと解明されてくる。さらに生産物の販路まで構築できれば、その国の農家に、生産から販売までの包括的なソリューションを提示できることになるのだ。

日本にいながら海外農場を管理

本章でもう一つ書きたいことがある。それは、ＩｏＴ時代、日本の農家が農畜産物を輸出するとしても、何も日本国内で生産する必要はない、ということだ。海外で生産し、その国の需要をまかない、周辺諸国に輸出したりするほうが、ずっと合理的である。いわゆる「Ｍａｄｅ　ｂｙ　Ｊａｐａｎｅｓｅ（メイド・バイ・ジャパニーズ）」だ。

なぜメイド・バイ・ジャパニーズが重要かについて確認しておこう。これに関してはいくつかの観点がある。

一つは、資産管理のリスク分散だ。グローバリゼーションのなか、円だけで資産運用するのは危うい。アフリカやアジアには、有力な投資先はいくらでもある。このうちアフリカについては、世界銀行が、二〇三〇年までに一兆ドルの食糧市場を生み出す潜在性があるとしている。ただし、これは条件付き。その実現には、インフラ整備が欠かせない。

加えてメイド・バイ・ジャパニーズの重要さは、何よりも、生産する農畜産物の適地性である。野菜や果物を生産するとき、その種類によっては、日本よりも気候や土壌など栽培条件が適している国は少なくない。さらに、関税や補助金といった条件も含めれば、なおさらである。生産者だけではなく経営者でもある農家たちにとってみれば、日本で営農するよりもやりやすい国は多々あるだろう。

これに関してはすでに面白い実験がなされている。

先に紹介した北海道大学大学院農学研究院の野口伸教授は、二〇一四年、総務省の事業で、日立造船、日立製作所、日立ソリューションズ、ヤンマー、そして豪州の機関とともに、ロボットトラクターを豪州の稲作に使った。現地に輸送したのは、私が北海道大学の農場で見せてもらったロボットトラクター。車体の後部には、肥料をまく機器である「ホッパー」を、そして前部には、葉色を表すSPAD値を計測するセンサーを装着した。

これで実現できるのは、次のようなことだ。まずセンサーで、稲の栄養状態を把握するSPAD値を計測し、クラウドに上げる。そのデータからAIが、必要な施肥量を決定し、豪州の田を走っているトラクターにデータを送信。するとトラクターは、ホッパーから適量の肥料をまいていく。驚くことに、一連のことは瞬時にできてしまう。このためトラクターは走行中、同じ農地であっても、ポイントごとに地力に応じて施肥量を変えていくことができる。

通常、田一枚をとっても、細かく見ていけば全体に地力のむらがある。それでも、これまでは、技術的には均一に肥料をまくよりほかなかった。その結果、場所ごとに稲の生育にむらが生じ、なかには肥料が効きすぎて稲が倒れたり、いもち病が多発したりするといった事態が起きている。

それを防いで、収量と品質を安定させるには、場所に応じて適量をまくのがベストだ。IoT、AI、ロボット農機があれば、それが難なくできてしまう。しかも、日本にいながらにして、豪州の田の施肥管理ができてしまうのだ。

この実験で特徴的なのは、ロボットトラクターにコンピュータを搭載しないこと。そして、SPAD値を解析する機能を持たせなかったこと。クラウドに飛ばされたデータは、一括して日立ソリューションズのコンピュータで管理するようにしたのだ。

この仕組みが実用化すれば、日本人が日本にいながらにして、海外の農場を経営できる。もちろん現地に従業員は必要だが、経営者が日常的に駐在する必要はない。集まってくるビッグデータを解析し、それに基づいて現地の従業員に指示すればいいのだ。

IoTで世界に羽ばたく日本農業

野口氏がこの実験においてロボットトラクターでデータを解析しないのは、知的財産の管理のためだ。

すでに見てきたように、収集する作物や生育環境に関するデータは、それ自体が貴重な資産である。第四章で、データそのものについては、その所有権や占有権を法的に主張しにくいことは説明した。ただし、データを分析した「知」は別である。著作権や商標権などが保護されるのと同じ意味で、ビッグデータを分析した「知」は、知的財産に関する権利として認められている。

とはいえ国によっては、そうした法規制が無秩序になっているところがある。そうした国では、データを使った農業をする場合、その使用についてはクローズドにしておくというのも一つの手である。

現地の作業者とやり取りする手段も、いろいろと登場している。タブレット端末やスマートフォンも営農指導の一環で使える。農業向けのＩｏＴプラットフォームを使えば、利用者がタブレット端末で撮影した画像をコメントとともに掲載できる。これを遠隔地にいる営農指導員と共有すれば、画像やコメントを基に、アドバイスを受けられる。ウェアラブル端末も海外の農家にアドバイスするのに役立つ。

ここまで見てきたように、ＩｏＴは、国と国、地域と地域の距離を短くする。それと同時に、日本の農業界の人や企業が活躍する場も、急速に広がっていくのだ。

おわりに――農業を医療や福祉や観光と融合して

私の処女作をご担当していただいたご縁で、講談社の編集者である間渕隆氏から、農業とIoTをテーマにした本の執筆を勧められたのは二〇一六年初頭……恥ずかしながら、そのときの私は、IoTという言葉の意味を理解していなかった。当時も現在も、携帯電話ではガラケーを愛用する私にとって、「モノのインターネット」は、はるか遠くにある世界だった。

ただ、しばらくしてから少しずつIoTについて調べ始め、やがてロボットやAIにまで入り込んでいくうちに、これから農業には、めっぽう面白い世界が到来すると考えるようになっていった。しかも、ロボットAI農業は加速している。いま、この瞬間においてもだ。

最先端のテクノロジーの現場を改めて訪ね回っていると、昨日まで実現はずいぶん先の話だと思っていたことが、明日にもできるようになっていると感じる。

過去の因習や観念にとらわれてはならない。農業が衰退産業だという固定観念も、捨て去るべきである。さらに踏み込んで農業そのものの概念を打ち壊し、再構築していくのだ。

ロボットやＡＩ、そしてＩｏＴは、農業をしてその生産性を高めるだけでなく、それを医療や福祉、観光などと融合させることで、新たな産業に生まれ変わらせる力を秘めている。

本書のテーマについて考えるきっかけと執筆するチャンスを与えて下さった講談社の間渕隆氏に深くお礼申し上げる。おかげさまで、知的好奇心に富む新たな世界に分け入ることができました。

それから貴重な情報やご助言をくださった国内外の多くの方々には、農業の可能性を切り開こうとする仕事への熱意に感銘することが多々ありました。紙数の都合でお一人ずつお名前を挙げることはかなわず申し訳ありませんが、心より感謝の意をお伝えします。また、取材に応じてくださったにもかかわらず、こちらの力量不足でその取り組みを文字にすることができなかった皆さまには、深くお詫び申し上げます。

本書ではなるべく専門用語は使わず、平易な文章になるように努めました。そのため原稿を丁寧に見てもらった新妻にも、この場を借りて「ありがとう」と伝えます。

二〇一七年二月

窪田《くぼた》新之助《しんのすけ》

主な参考文献

秋葉淳一、渡辺重光『IoT時代のロジスティクス戦略』（幻冬舎）
小笠原治『メイカーズ進化論　本当の勝者はIoTで決まる』（NHK出版新書）
クリス・アンダーソン『MAKERS　21世紀の産業革命が始まる』（NHK出版）
小林啓倫『IoTビジネスモデル革命』（朝日新聞出版）
小林純一『勝者のIoT戦略』（日経BP社）
齋藤ウィリアム浩幸『IoTは日本企業への警告である　24時間「機械に監視される時代」のビジネスの条件』（ダイヤモンド社）
坂村健『IoTとは何か　技術革新から社会革新へ』（角川新書）
ジェレミー・リフキン『限界費用ゼロ社会　〈モノのインターネット〉と共有型経済の台頭』（NHK出版）
ダニエル・カーネマン『ファスト&スロー　あなたの意思はどのように決まるか？』上・下

（ハヤカワ・ノンフィクション文庫）
中根滋『アップルを超えるイノベーションを起こすIoT時代の「ものづくり」経営戦略』（幻冬舎メディアコンサルティング）
西垣通『ビッグデータと人工知能　可能性と罠を見極める』（中公新書）
ビクター・マイヤー＝ショーンベルガー、ケネス・クキエ『ビッグデータの正体　情報の産業革命が世界のすべてを変える』（講談社）
松尾豊『人工知能は人間を超えるか　ディープラーニングの先にあるもの』（角川EPUB選書）
松田卓也『人類を超えるAIは日本から生まれる』（廣済堂新書）
三木良雄『IoTビジネスをなぜ始めるのか？』（日経BP社）
李登輝、浜田宏一『日台IoT同盟　第四次産業革命は東アジアで爆発する』（講談社）
「農業ビジネスマガジン」（イカロス出版）

写真提供——オプティム、クボタ、スキューズ、ファームノート、PSソリューションズ
信州大学工学部制御工学研究室、小池誠、野口伸

窪田新之助

1978年、福岡県に生まれる。2004年に明治大学文学部を卒業後、日本農業新聞に入社。以後、同社の記者として8年間、年間100日ほどを国内外の取材にあて、農業政策、農業ビジネス、農村社会の現場をレポートする。2012年に退社、フリーランスとして食と農の取材を続ける。2014年、アメリカ国務省の「インターナショナル・ビジター・リーダーシップ・プログラム」に招待され、アメリカの農業の現場を視察。
著書には、『本当は明るいコメ農業の未来』(イカロス出版)、『GDP4%の日本農業は自動車産業を超える』(講談社＋α新書)がある。

講談社＋α新書 713-2 C

日本《にほん》発《はつ》「ロボットＡＩ《エーアイ》農業《のうぎょう》」の凄《すご》い未来《みらい》

2020年に激変する国土・GDP・生活

窪《くぼ》田《た》新《しん》之《の》助《すけ》

2017年 2 月20日第1刷発行
2020年 2 月28日第6刷発行

発行者―――― 渡瀬昌彦

発行所―――― 株式会社 講談社
東京都文京区音羽2-12-21 〒112-8001
電話 編集(03)5395-3522
販売(03)5395-4415
業務(03)5395-3615

カバー写真―――― クボタ、内田農場

デザイン―――― 鈴木成一デザイン室

カバー印刷―――― 共同印刷株式会社

印刷―――― 株式会社新藤慶昌堂

製本―――― 牧製本印刷株式会社

Printed in Japan
ISBN978-4-06-272979-6